德国少年儿童百科知识全书
未来能源
让世界转起来

德国少年儿童百科知识全书
探索月球
神秘而强大

德国少年儿童百科知识全书
神奇地球
蔚蓝家园

德国少年儿童百科知识全书
神秘机器人
工程师和超级好帮手

第一辑·全**10**册

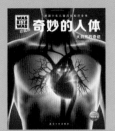
德国少年儿童百科知识全书
奇妙的人体
大自然的奇迹

德国少年儿童百科知识全书
深海之谜
生机勃勃的黑暗国度

德国少年儿童百科知识全书
太空之旅
深入宇宙的探险

德国少年儿童百科知识全书
走进热带雨林
地球的绿色宝藏

第二辑·全**10**册

德国少年儿童百科知识全书
宇宙中的星体
打开探索宇宙的大门

德国少年儿童百科知识全书
伟大的发明
天才与灵感的杰作

德国少年儿童百科知识全书
神奇的火车
沿着轨道驶向未来

德国少年儿童百科知识全书
沙漠之旅
驼队、绿洲和无尽的远方

第三辑·全**10**册

德国少年儿童百科知识全书
显微镜探秘
肉眼看不见的奇小世界

德国少年儿童百科知识全书
野生动物
从来被误解的野性

德国少年儿童百科知识全书
奇趣萌宠
人类的好朋友

德国少年儿童百科知识全书
鸟类不简单
天空中的杂技演员

第四辑·全**10**册

德国少年儿童百科知识全书
神秘的古埃及
尼罗河畔的金色帝国

德国少年儿童百科知识全书
印第安人
北美原住民

德国少年儿童百科知识全书
伟大的探险家
追随他们的脚步，探索全世界

德国少年儿童百科知识全书
未来世界
一切都在变化之中

第五辑·全**10**册

德国少年儿童百科知识全书
蛇的故事
固有敏锐感官的猎手

德国少年儿童百科知识全书
考古探秘
发掘历史的宝藏

德国少年儿童百科知识全书
马的生活
人类忠实的伙伴

德国少年儿童百科知识全书
舞蹈的魅力
舞动起舞

第六辑·全**10**册

德国少年儿童百科知识全书
生物质资源
植物动力引领未来

德国少年儿童百科知识全书
石器时代
火的控制与使用

第七辑·全**8**册

WAS IST WAS

学习源于科学改变未来

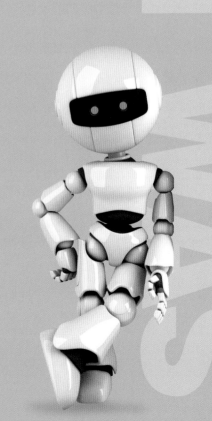

WAS IST WAS
珍藏版

显微镜探秘

肉眼看不见的微小世界

[德] 曼弗雷德·鲍尔／著　　张依妮／译

航空工业出版社

方便区分出
不同的主题！

真相大搜查

引起轰动的发明！了解第一
台显微镜和它观测到的情况。

7

鸟之所以能够飞行，得益于
其羽毛的神奇结构。

11

通过电子显微镜，发现
硅藻的奇妙世界。

19

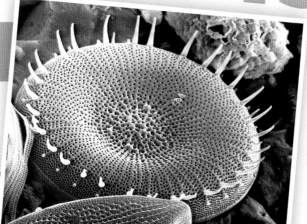

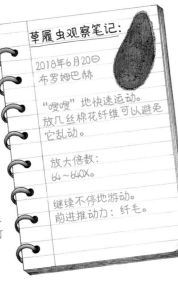

DIY
手工制作
专区

25

草履虫观察笔记：

2018年6月20日
布罗姆巴赫

"嗖嗖"地快速运动。
放几丝棉花纤维可以避免
它乱动。

放大倍数：
64~640X。

继续不停地游动。
前进推动力：纤毛。

在这里，你将学习如何正
确使用显微镜，以及如何
记录你的观察日记。

28 微观世界

吸尘器的集尘袋？错，这是一只缓步类动物！一个真正的生存高手。

32

在显微镜下，弱小的苍蝇成了怪异的长鼻喙动物。

38

DIY
手工制作
专区

圆形、椭圆形、多刺的……花粉的外形千差万别。建立你自己的花粉库吧！

37

42 显微镜的应用领域

43 来自外太空：放大 250 倍的月球岩石标本。

符号 ▶ 代表内容特别有趣！

48 名词解释

重要名词解释！

44

指纹并不是唯一的证据。在许多情况下，一根头发就足以给罪犯定罪。

这简直太棒了！折纸显微镜非常便于操作，它可以让数十几人了解微观世界，从而发现大自然中的奇迹。

折纸显微镜 ◀

每个人都能拥有的
显微镜

折纸显微镜的外壳采用了防水纸板，经过了印制和预裁。其他零件还包括透镜、LED 灯和电池。

马努·普拉卡什希望通过这个 1 美元的显微镜来改变世界。他发明的折纸显微镜将主要在学校和医院投入使用。

马努·普拉卡什是美国加利福尼亚州斯坦福大学的生物工程学教授，他希望每个孩子都能使用显微镜来观察和探索世界。因此，普拉卡什和他的团队一起发明了一种特殊的显微镜，它的材料成本只有 1 美元，未来可实现大量投产。

能折叠的显微镜

发明人将它命名为折纸显微镜，因为它的主要部分是纸板模型，大小只相当于一张标准 A4 纸（尺寸为 210mm×297mm）。纸板上刻有压痕，可进行折叠和拼插。其他零件还包括一个透镜、一个发光二极管（LED）光源和一个带开关的小电池——任何人都可以快速完成

组装。整个过程只需要大约 10 分钟。折纸显微镜的外观与传统的光学显微镜截然不同：它窄小轻薄，能够轻松放入衬衣口袋中。使用时，就像普通显微镜一样，可以透过镜片观察下方的物体。折纸显微镜没有复杂的透镜系统，它只有一个透镜，类似于荷兰人安东尼·范·雷文霍克发明的显微镜。这位荷兰人早在 17 世纪就开始使用他的超级放大镜研究细菌了。

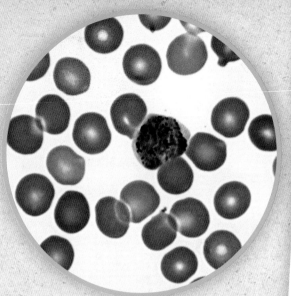

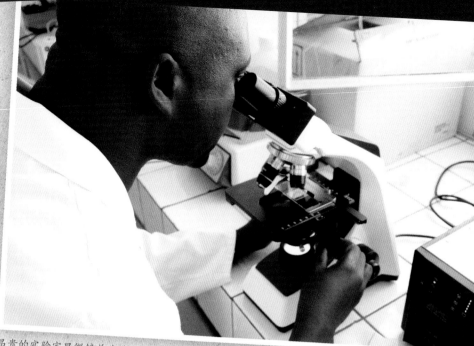

位于红细胞之间的是疟疾寄生虫。每年会有数百万人感染疟疾这种危险的热带疾病。折纸显微镜可以帮助我们及时辨识出它们。

昂贵的实验室显微镜并非随处可见，而折纸显微镜却能在发展中国家最偏远的地区应用，进行可以挽救生命的检测。

怎么也摔不坏

如果不小心将折纸显微镜掉到地上，别担心，它是摔不坏的。马努·普拉卡什曾将它从三楼扔下，用脚踩踏，用水浸泡。结果折纸显微镜的功能丝毫没有受到影响。

你可别把它看作是一个小玩具。在偏远地区，它可以用来检测患者的血液样本。斯坦福大学研究团队开发出多种折纸显微镜，用来检测热带疾病（例如疟疾和昏睡病）的特定病原体。如果这些疾病能够被及时地发现和治疗，那么折纸显微镜将能拯救很多人的生命。对于特殊的传染性疾病和危险疾病，它也可以作为一次性检测工具使用。

天才的发明

目前已有一万多个折纸显微镜在世界各地的野外测试中被证明效果显著。马努·普拉卡什和他的同事们对未来有着宏伟的规划。他们计划大规模生产折纸显微镜，预计每年生产大约 10 亿个。折纸显微镜就像所有那些简单却巧妙的发明一样——它可以改变世界，改变我们的生活。

手机显微镜

在美国，人们通常将手机称为 Cellphone。丹·弗莱彻使用一台手机和特殊的显微镜组件，制作出了一台特别的显微镜：手机显微镜（CellScope）。这个想法最早是在加利福尼亚州伯克利大学萌生的，当时丹·弗莱彻给他的学生们布置了一个任务，利用智能手机的摄像头制作一个构造尽可能简单的显微镜。这种显微镜对于缺乏医生和医院的发展中国家来说是理想的选择。因为这些国家通常拥有发达的移动网络，护士或护工可以使用捐赠的智能手机组合成手机显微镜，对采集的血样进行显微镜检测，并将照片发送给医生或其他专家，从而及时诊断疾病，并获得必要的治疗方案。首批试点项目已经在刚果和越南取得成功。手机显微镜的成本大约为 700 美元，不过，加利福尼亚州的技术专家们正在研究，争取将它的成本大幅降低。

手机显微镜的使用方法简单，因此很受孩子们的欢迎。它已经开始在学校和博物馆投入使用，孩子们甚至可以将拍摄的照片带回家中。

从跳蚤眼镜到
显微镜

安东尼·范·雷文霍克

这位布料商人手工制作了一个可以放大270倍的单镜头显微镜。它的分辨率很高，图像的清晰程度甚至超过了当时著名的多镜头显微镜。

早在两千多年以前，人们就知道球状水滴或透明镜片具有放大作用。到了13世纪末，人们发明了第一副可以用来提高视力的眼镜。今天，我们的眼镜一般使用玻璃或树脂材质的镜片，但是早期的眼镜镜片是由透明的矿物质绿玉（拉丁文为Beryll）制成的。"Brille"（眼镜的德文表达）这个名称就是从"Beryll"这个词语演变而来的。

蠕虫和跳蚤

阿塔纳斯·珂雪（1602—1680）使用所谓的"跳蚤眼镜"仔细观察了微小的生物。跳蚤眼镜包含了一个内置在小管中的透镜。通过它，珂雪在鼠疫病人的脓液中看到了微小的"蠕虫"。我们不知道他是否还看到了其他东西，但无论如何，这些"蠕虫"并不是鼠疫的病原体。通过这个放大倍数有限的"跳蚤眼镜"，是无法看到真正的鼠疫杆菌的，除非他拥有一台更加强大的显微镜。不过，通过"跳蚤眼镜"，人们惊讶地观察到了那些烦人的跳蚤。

远近和大小

大约在1595年，荷兰的一位眼镜制造商和镜片打磨工制造出了世界上第一台望远镜。它是由两个玻璃透镜组装而成的。当时的望远镜主要用在军事领域，因为它能观察到远处靠近的船只，以提前发现敌船。利用玻璃透镜既可以制作出能将物体放大数倍的放大镜，也可以将多个透镜组合做出显微镜。

范·雷文霍克制作的显微镜

雷文霍克在两个黄铜片之间安装了一个非常小的玻璃透镜。待观测物体被固定在针尖上，利用调节螺栓可以调整物体和透镜之间的距离。

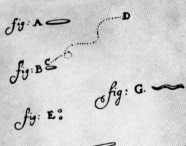

透镜

观察孔

针

调节螺栓

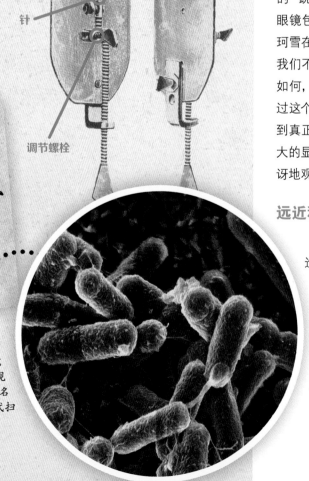

雷文霍克的显微镜甚至可以检测到微小的细菌，这是当时的其他显微镜无法做到的。他在牙垢和脓液中发现了这些活泼的小东西，并给它们取名为"微生物"。右侧彩图显示了现代扫描电子显微镜下观测到的杆状细菌。

令人兴奋的微观世界

历史上第一个看到微小单细胞生物的人，可能是荷兰的布料商人安东尼·范·雷文霍克。他在观察自己的牙垢时，发现了一些微小的球状和棒状结构——正如我们今天所知，它们就是细菌。雷文霍克还观察了自己的血液，并在其中发现了红细胞。此外，他也研究了昆虫和霉菌的微观结构，这为他打开了一个神奇的世界。为了使自己的工具日臻完美，雷文霍克专门学习了玻璃透镜的磨削技术。虽然他的显微镜只有一个镜头，却有高达 270 倍的放大倍数。他将待观测物体放到针尖上，随后手持显微镜在光线下进行观察，并通过调节螺栓来调整物体的观察距离。如果是液体，就倒入细小的玻璃管中进行观察。

细胞和怪物

英国物理学家罗伯特·胡克（1635—1703）是最早使用显微镜进行调查研究的博物学家之一。他将透镜进行抛光打磨，制成了复合显微镜。它就像现代的显微镜一样，是由物镜和目镜组成的。1665 年，胡克出版了奠定其声望的著作《显微图集》（*Micrographia*）。在这本书中，他详细描述了显微镜的功能，其中苍蝇、虱子和跳蚤的放大图片给读者们留下了深刻印象。在显微镜下，这些小生物看起来就像是庞然怪物一般。胡克还发现，软木组织是由许多小"房间"组成的，类似于教士们居住的单人房间，因此他用"房间"（cell）一词来命名这些植物细胞。今天我们都知道，所有的生物都是由细胞（cell）组成的。

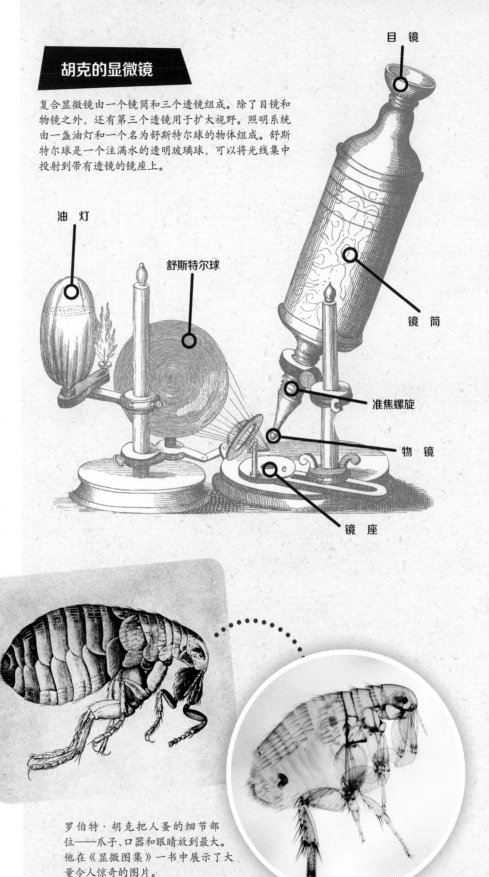

胡克的显微镜

复合显微镜由一个镜筒和三个透镜组成。除了目镜和物镜之外，还有第三个透镜用于扩大视野。照明系统由一盏油灯和一个名为舒斯特尔球的物体组成。舒斯特尔球是一个注满水的透明玻璃球，可以将光线集中投射到带有透镜的镜座上。

目镜

油灯

舒斯特尔球

镜筒

准焦螺旋

物镜

镜座

罗伯特·胡克把人蚤的细节部位——爪子、口器和眼睛放到最大。他在《显微图集》一书中展示了大量令人惊奇的图片。

在 1828 年，这位女士吓得手中的茶杯都掉了。她当时正在通过显微镜看泰晤士河的水。这条流经伦敦的河，为居民提供了生活用水，而她居然看到水里有怪物！

新的发现

多镜头折射显微镜的最大问题在于观测到的物体图像带有彩色的边缘。这是因为不同波长的光具有不同的颜色，这些光又不同程度地被镜片折射和转向，从而形成色带。如果只有一个镜头，这一图像偏差通常可以忽略不计，但是对于由几个透镜组成的显微镜，偏差会成倍放大。因此，那时的研究人员对图像质量并不满意，有些甚至会完全弃用显微镜。

更多透镜，更高质量

从 1830 年开始，英国的研究人员就开始着手解决这个难题。经过多次尝试，他们发现多个透镜制成的目镜和物镜可以有效减少色带。这些透镜不仅打磨方式不同，还使用了不同类型的玻璃。在德国，约瑟夫·冯·夫琅和费（1787—1826）设计并制造了一种消色差的透镜系统。但因为透镜完全采用手工打磨，因而显微镜成品质量的好坏完全取决于透镜研磨工人的能力和经验。

先计算，后研磨

德国配镜师和精密机械师卡尔·蔡司（1816—1888）从 19 世纪中期就开始研究和制造高精度显微镜。为了进一步改善光学系统，减少图像偏差，蔡司聘请了物理学家恩斯特·阿贝协助研究。阿贝准确地计算出了透镜分辨率

▶ 你知道吗？

恩斯特·阿贝（1840—1905）发明了油浸物镜，也就是观察前在待观测物体上滴一滴油，因而它和最下方的物镜镜头之间没有空气缝隙。油具有与玻璃类似的折射特性，特别是高倍物镜（约 1000 倍）通常都采用油浸物镜，由此避免了微薄空气层削弱显微镜的光学性能。对于必须高倍放大待观测物体的研究，通常都会选用这类物镜。

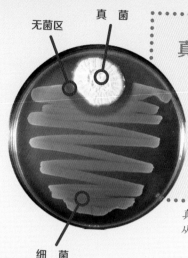

无菌区　真菌

细菌

真菌——人类的救星

亚历山大·弗莱明（1881—1955）在被真菌污染的细菌培养基中偶然发现了真菌分泌的杀菌物质，从而发现了第一种能抗菌的抗生素——青霉素。从那以后，不断有新的抗生素被发现，并用于治疗细菌感染性疾病，例如中耳炎和百日咳。

真菌在培养基上生长并分泌出杀菌物质，即天然的抗生素，从而使细菌无法在真菌附近繁殖。

抗击病原体

德国医生罗伯特·科赫（1843—1910）被认为是现代细菌学的奠基人。他在1880年发现了引发霍乱和肺结核的细菌，这两种可怕的疾病曾夺去了无数人的生命。科赫在一封信中感谢了卡尔·蔡司制造的高效显微镜，是显微镜使他的发现成为可能。因为这项成就，他在1905年被授予了"诺贝尔生理学或医学奖"。

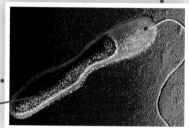

罗伯特·科赫使用蔡司显微镜实现了这项挽救生命的成就——他发现了导致肺结核和霍乱的病原体。

霍乱弧菌 ➤

无处不在的细菌

的极限，并开发出新的制造方法，在实现镜片精确研磨的同时还可以保持稳定的质量。他还提出了显微镜成像理论，准确描述了图像在显微镜中的显像过程。在此过程中，玻璃透镜的光线折射起到了重要作用。此外，不同的材料也会导致光线在折射中呈现不同的色彩。德国化学家奥托·肖特（1851—1935）大约在1886年发明了新型的光学玻璃，可用于制造高质量的透镜。新型显微镜促成了众多医学和生物学上的新发现。

法国人路易斯·巴斯德（1822—1895）发现了使葡萄酒和牛奶变酸的物质：一种被他称为裂殖酵母的微生物。巴斯德不仅发现微生物可以在空气飘浮从而传播疾病，他还证明了，食物只有暴露在空气和微生物环境中才会变质这一事实。他提出一种在较低温度下进行的加热处理方式（即巴氏灭菌法），以保存易腐烂食物，例如牛奶或果汁。

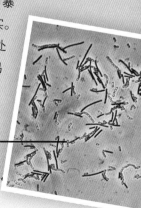

乳酸菌 ➤

路易斯·巴斯德还发现了一种蚕病的病原体。在这之前，这种蚕病几乎摧毁了法国的丝织工业。

放大，
放大，哇！

我们生活的世界充满了奇迹。不过，有些东西只能经过高倍放大才能被我们看到。通过放大，我们看到了许多令人难以置信的图案和结构。显微镜的出现，让我们从植物和动物的身上见识了大自然的巨大创造力。

精巧的皮肤

鲨鱼的皮肤就像砂纸一样粗糙。通过显微镜可以看到，它是由微小坚硬的皮肤小齿——被称为盾鳞的突起扇形鳞片组成的。这些小齿朝着顺流方向呈现为纵向凹槽，并且彼此紧密排列。实验表明，这种粗糙的表面在水中阻力很小，所以鲨鱼可以不费力气地快速游动。

用蜡保持清洁

荷叶生长在沼泽地里，却能始终"出淤泥而不染"。它的秘密来自其表面微小的蜡粉结构。污垢、水滴与荷叶表面的接触点很少，因此下雨时水滴不会黏附在荷叶上，而是迅速从荷叶上滚落，同时还带走了叶片上的杂质。

不可思议！

据估计，人体中含有超过 10 万亿个细胞，同时为 100 万亿个细菌提供了栖息地。人体的每一个细胞上都携带有 10 个寄生的外来细胞，它们广泛分布在皮肤上、口腔和肠道内。如果没有了肠道细菌，我们将无法吸收许多重要的营养素。

吸附能力

　　壁虎的五个脚趾上都覆有一层软垫，因此壁虎能够趴在垂直的墙面上，甚至可以停在天花板上而不掉下来！壁虎的每只脚上都带有 50 万根细小的刚毛，每根刚毛的末端又分枝为几百个"小刷子"。这些"小刷子"具有强大的吸附力，使得壁虎能够爬上垂直的光滑玻璃。

轻巧灵活

　　鸟之所以能飞行，得益于它的羽毛结构：鸟的羽毛上布满了微小的羽小钩，彼此之间相互勾连，形成灵活而富有弹性的羽片，从而保证了平稳的飞行。

锉板牙齿

　　蜗牛的舌头上布满了一万多颗由甲壳质构成的齿舌，接触食物时，像锉刀一样刮取食物。甲壳质是螃蟹、昆虫和其他节肢类动物外骨骼的主要成分。

隔热保温

　　北极熊已经完全适应了寒冷环境中的生活。它表皮的长毛覆盖着下方的短毛。通过电子显微镜，我们发现北极熊身体表面的毛是中空的小管，其中充满了空气。这种构造具有防水隔热的效果，因此北极熊才能生活在寒冷的极地。

小家伙变身"大巨人"

裸 眼

眼睛的晶状体将缩小的影像投射到布满光敏细胞的视网膜上。右图中显示了聚光透镜的成像特性：其实人眼看到的影像是上下颠倒的。但是我们的大脑会对图像进行翻转的计算处理，这样我们就能正确地看到周围世界了。我们对物体大小的感知则取决于视角。

瓢虫太小了，我们用肉眼根本无法看到它身体的微小结构，比如触角。

利用一个简单的放大镜，我们就可以开始第一次探险，来观察"小家伙们"的世界。然而，放大镜的放大倍数通常为 25 倍左右。事实上，放大倍数越大的透镜，凸起弧度也越大，焦距也越小，需要把物体移近眼睛以增大视角，但当物体离眼的距离太近时，反而无法看清，以至于使观察变得非常棘手。

双镜头策略

为了实现更高的放大倍数，可以安装两个上下并置的镜头。靠近待观测物体的第一个镜头称为物镜，用于产生物体的放大图像。然后，该图像经由第二个镜头，也就是靠近眼睛的目镜，被再次放大。这就是显微镜的工作原理。两个镜头都安装在镜筒上，这样既可以避免杂光干扰，又能够精确调节两个镜头之间的距离。

更多的镜头

为了减少图像中诸如边缘模糊或出现彩色边缘的问题，在现代显微镜中，目镜和物镜通常是由多个镜头组成的。这些镜头采用不同的玻璃类型和研磨工艺，可以对图像偏差进行补偿。比放大倍数更重要的参数是显微镜的分辨率，它是指显微镜清晰区分两个物点间最小间距的能力。分辨率的衡量标准是数值孔径（可以用 NA 表示）。数值越大，说明分辨率越高，镜头的质量也就越好。当然，高质量也意味着高成本。高品质物镜通常由十几个镜头组成，这些镜头都需要花费大量的时间和精力进行计算和研磨，因此每个都高达数千元。

放大倍数有多高？

物镜和目镜都有放大倍数。将这两个数直接相乘就可以得到总的放大倍数。例如，目镜的

放大镜

放大镜的聚光透镜会折射光线从而扩大视角，使观看的物体看起来更大。镜头的曲率越大，放大倍数就越高。

我们可以用放大镜仔细观察植物和动物。

显微镜的原理与双倍放大镜类似，也就是将被物镜放大的图像再次用目镜放大。

放大的图像

眼睛　目镜　物体　物镜

要想观察昆虫以及更微小生物的身体结构，我们需要使用显微镜。通过显微镜，我们甚至可以观察到它们身上诸如触角和口器等结构的微小细节。

借助光学显微镜，还可以准确观察活体微生物。

物镜

这个物镜具有 10 倍的放大倍数，数值孔径为 0.25。

10X/0.25
160/0.17

目镜

这个目镜上印刷的首个数字"10"代表它的放大倍数。字母"X"是"倍数"的意思。

WF10X /22

放大倍数为 10 倍，物镜的放大倍数为 20 倍，则总放大倍数为 200 倍，也就是说通过这台显微镜可以将物体放大 200 倍。具有出色分辨率的超精密显微镜甚至可以达到 1500 倍甚至 2000 多倍的放大倍数。放大倍数为 400 至 600 倍的显微镜就足以让我们看到激动人心的微观世界了。

光线至关重要

在使用显微镜观察时，需要配备良好的照明条件。在以前，人们利用自然光或专门的显微镜照明灯，通过镜面反射进入显微镜内。今天的显微镜通常安装有专门的照明系统。高品质显微镜的照明系统自然也更为先进。该系统是由一个电灯以及透镜系统组成，利用这一系统，光线可以集中投射到待观测物体上。此外，还可以使用调光器来调节最佳的照明亮度。

研究人员建议

水滴放大镜

镜头研磨只能由专家进行。但即使没有玻璃透镜，我们也可以利用水珠类似于玻璃的折射特性，制作一个简单的放大镜。为此，你可以使用文件夹中的板夹，用滴管在压板的孔中滴入一滴水。好了，放大镜完成了！

水滴的表面张力和重力让它形似凸透镜，而水与空气的密度不同使其具有放大效果。

番茄
面包
大利面
香肠
牛奶

光学显微镜

最著名且最常见的显微镜是透射光显微镜，利用光线通过薄透的物体进行观察。显微镜下部产生的光被向上引导到载物台，投射到待观测物体上。这样你就可以研究叶片的横切面或微生物了。与之相反，反射光显微镜可以观察不透明的固体物质，例如硬币或晶体。它的照明灯安装在载物台的斜上方，光线从上方照射在物体上。有些显微镜甚至同时具备上述这两种功能。

坐标台

超高品质的显微镜一般带有一个坐标台。这样就可以将玻片标本夹在上面，通过操作滚花轮以毫米级的精度在两个方向上移动。

数码摄像头

一些显微镜带有 USB 摄像头，这样可以将拍摄的微观世界照片和视频传输到电脑中。

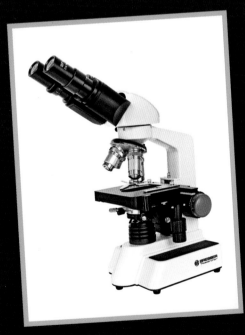

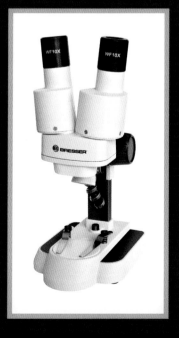

立体显微镜

立体显微镜具有两个目镜，通常也带有两个物镜。进行观察的每只眼睛都有独立的光束进入路径，因此成像具有三维立体感。利用立体显微镜，可以在反射光下观察放大的待观测的不透明物体，例如昆虫、矿物质或计算机芯片。但是它的放大倍数并不是很高。

双目显微镜

双目显微镜是指带有两个目镜的显微镜。这样我们可以同时用双眼长时间观察而不会感觉疲累。但是，由于这种显微镜只有一个物镜，因此无法呈现三维立体图像。

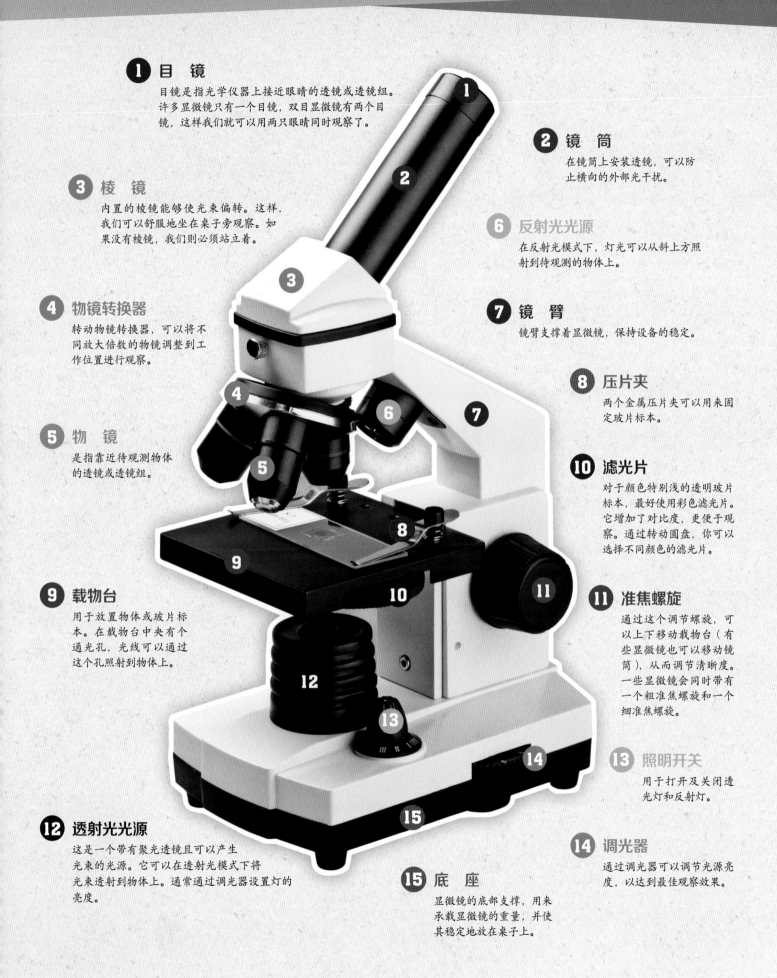

1 目 镜

目镜是指光学仪器上接近眼睛的透镜或透镜组。许多显微镜只有一个目镜,双目显微镜有两个目镜,这样我们就可以用两只眼睛同时观察了。

2 镜 筒

在镜筒上安装透镜,可以防止横向的外部光干扰。

3 棱 镜

内置的棱镜能够使光束偏转。这样,我们可以舒服地坐在桌子旁观察。如果没有棱镜,我们则必须站立着。

6 反射光光源

在反射光模式下,灯光可以从斜上方照射到待观测的物体上。

4 物镜转换器

转动物镜转换器,可以将不同放大倍数的物镜调整到工作位置进行观察。

7 镜 臂

镜臂支撑着显微镜,保持设备的稳定。

8 压片夹

两个金属压片夹可以用来固定玻片标本。

5 物 镜

是指靠近待观测物体的透镜或透镜组。

10 滤光片

对于颜色特别浅的透明玻片标本,最好使用彩色滤光片。它增加了对比度,更便于观察。通过转动圆盘,你可以选择不同颜色的滤光片。

9 载物台

用于放置物体或玻片标本。在载物台中央有个通光孔,光线可以通过这个孔照射到物体上。

11 准焦螺旋

通过这个调节螺旋,可以上下移动载物台(有些显微镜也可以移动镜筒),从而调节清晰度。一些显微镜会同时带有一个粗准焦螺旋和一个细准焦螺旋。

13 照明开关

用于打开及关闭透光灯和反射灯。

12 透射光光源

这是一个带有聚光透镜且可以产生光束的光源。它可以在透射光模式下将光束透射到物体上。通常通过调光器设置灯的亮度。

14 调光器

通过调光器可以调节光源亮度,以达到最佳观察效果。

15 底 座

显微镜的底部支撑,用来承载显微镜的重量,并使其稳定地放在桌子上。

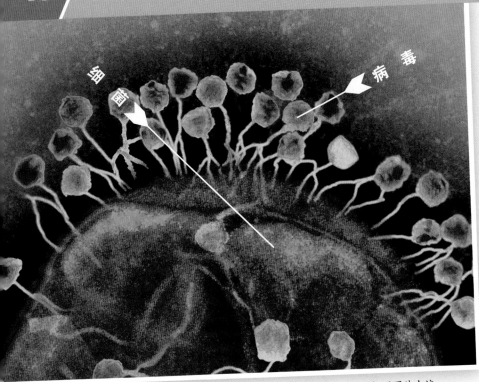

细菌

病毒

尽管细菌都非常微小，但与病毒相比，简直就是"庞然大物"。如果按照图片上这个比例，那么红褐林蚁大概得有 10 米长！

有多小？

就人类的身高来说，我们只能算是普通大小的生物。因为宇宙中还存在着许多"巨物"，比如山脉、行星、恒星和河外星系。即使是距离我们最近的一颗恒星，都远得不可思议：从我们地球到比邻星，有 40000000000000 千米（40 万亿千米）！真是不敢想象。即使是时速超过 1079252848 千米的光，走完这段距离也需要大约 4.3 年。

微观世界

除了我们置身其中的这个宏观世界之外，还存在着一个由微小生物组成的微观世界。面对这个微观世界，我们只能借助显微镜进行探索。如果没有显微镜，我们根本无法看见想看到的一切，即使动用全部想象力也无能为力，因为人类的眼睛最多只能分辨 0.1 到 0.2 毫米大小的东西，也就是 1 毫米的十分之一到十分之二。为了更准确地观测小于 1 毫米的物体，我们需要使用高清的放大镜和显微镜。

米、毫米、微米

为了比较大小、长度和距离，我们使用米（m）或更小的单位厘米（cm）和毫米（mm）

➡ 最大纪录
0.75 毫米

和"巨大的"纳米比亚珍珠硫细菌相比，其他细菌都是小矮人。它们是迄今为止人类发现的肉眼可见的最大细菌，是科学家在非洲西南部的纳米比亚海岸上发现的。

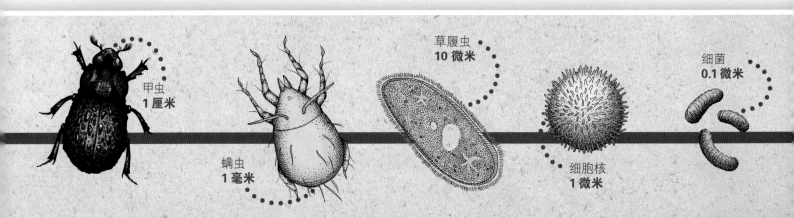

甲虫
1 厘米

螨虫
1 毫米

草履虫
10 微米

细胞核
1 微米

细菌
0.1 微米

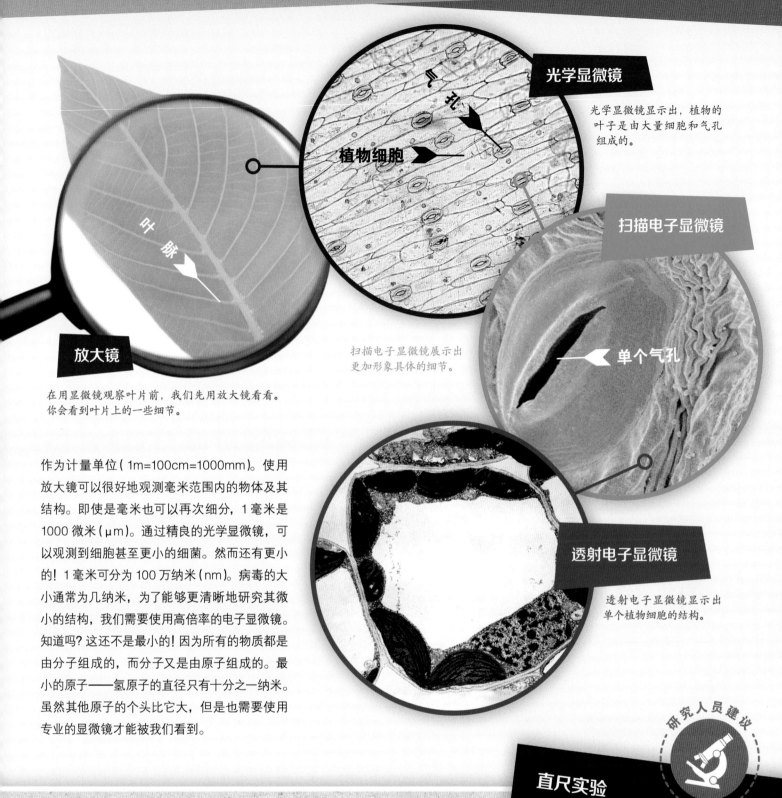

光学显微镜

光学显微镜显示出，植物的叶子是由大量细胞和气孔组成的。

气孔

植物细胞

扫描电子显微镜

单个气孔

扫描电子显微镜展示出更加形象具体的细节。

叶脉

放大镜

在用显微镜观察叶片前，我们先用放大镜看看。你会看到叶片上的一些细节。

透射电子显微镜

透射电子显微镜显示出单个植物细胞的结构。

作为计量单位（1m=100cm=1000mm）。使用放大镜可以很好地观测毫米范围内的物体及其结构。即使是毫米也可以再次细分，1毫米是1000微米（μm）。通过精良的光学显微镜，可以观测到细胞甚至更小的细菌。然而还有更小的！1毫米可分为100万纳米（nm）。病毒的大小通常为几纳米，为了能够更清晰地研究其微小的结构，我们需要使用高倍率的电子显微镜。知道吗？这还不是最小的！因为所有的物质都是由分子组成的，而分子又是由原子组成的。最小的原子——氢原子的直径只有十分之一纳米。虽然其他原子的个头比它大，但是也需要使用专业的显微镜才能被我们看到。

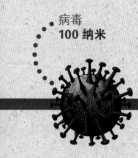

病毒
100 纳米

DNA 大分子
10 纳米

氢原子
0.1 纳米

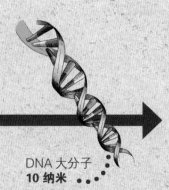

研究人员建议

直尺实验

为了获得对显微镜放大倍数的直观感受，你可以用显微镜对一把毫米级刻度的透明直尺进行观测。这样你就能知道，不同放大倍数下，光学仪器能看到的范围有多大。我们可以先从放大倍数最小的物镜开始。

它看起来是不是惬意极了？这张扫描电子显微镜图像中是一只长在豆类种子中的豆甲虫。

我喜欢被电子射线扫描。痒痒的，真舒服！

位于图中左侧的是扫描电子显微镜设备的支柱，体型相当大！操作人员正在调整电子射线。

光不是万能的

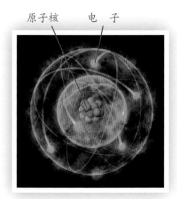

原子中包含了带正电荷的原子核和带负电荷的电子。电子围绕着原子核运动。

如果你向平静的水面扔小石子，水波会以圆圈的形式逐层扩散开来。波峰和波谷交替向前运动。与水波类似，你也可以将光的运动想象为波浪。水的波长，也就是从一个波峰到下一个波峰的距离，短至几厘米，长至几米。而光的波长却明显小得多，只有 0.0004 到 0.0008 毫米！光学显微镜的放大能力受光的波长的限制，对于比光波长度更小的结构，就无法用光学显微镜进行观测了。因此当遇到这种情况时，即使使用高精度的光学显微镜，即使其具有超

过 2000 倍的放大效果，对我们来说也没有实际意义。

通过电子能够观察更小、更细微的物体

如果你想研究更微小的东西，必须使用波长较短的电磁波，例如快速的电子。德国的电气工程师恩斯特·鲁斯卡（1906—1988）利用这一原理在 20 世纪 30 年代初制成了第一台电子显微镜。电子是带负电荷的基本粒子，是原子的组成部分之一。我们可以想象它们围绕着

带正电荷的原子核运动。要使用电子显微镜，需要一束精细的电子束。电子束是通过使一条细金属丝通电而产生的。在金属丝周围会聚集许多电子，它们与空气分子碰撞，因此不会散播到远处。如果在一个抽出所有空气且形成真空的容器中进行这个实验，你会看到电子明显散播得更远。此外，也可以在电磁场中对电子进行加速处理。

具有透射技能的电子显微镜

与光通过玻璃透镜的原理相似，电子束也是通过电磁透镜被折射、聚焦，最终穿透薄如蝉翼的物体样本。因为电子束的穿透力很弱，因此样本的厚度不得超过几万分之一毫米，并且需要固定在试样架上的一个小金属网上。电子束穿透样本，通过后续的镜头调节，最终在具有特殊涂层的荧光屏上显示出被放大的、清晰的物体图像。通过改变流经电磁透镜的电流强度，我们可以设置不同的放大倍数。因为电子束会穿透样本，所以我们也将这种电子显微镜称为透射光电子显微镜或透射电子显微镜。它的放大倍数可达百万倍。

能够扫描成像的电子显微镜

通过扫描电子显微镜可以扫描较厚的样本表面，并进行放大。样本必须是导电的，或是具有采用气相扩散渗镀工艺加工的薄金导电层。电子束在样本上逐行扫描，使样本表面被激发出电子，这些电子又被探测器记录下来。根据电子的数量，会产生不同亮度的像点，然后通过计算机将它们组合成放大的三维立体图像。

透射电子显微镜

透射电子显微镜将电子束透射到非常薄的样本上，并在荧光屏上形成图像。我们可以直接观察，或是用相机拍摄并保存下来。

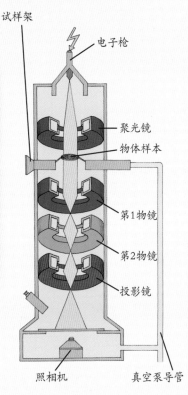

试样架
电子枪
聚光镜
物体样本
第1物镜
第2物镜
投影镜
照相机
真空泵导管

看见分子：图中的线形结构是人体DNA，它全长数米，携带着所有的遗传信息。尽管细胞只有0.01毫米大小，但是DNA却完整地包含在我们的每个细胞核中！

扫描电子显微镜

扫描电子显微镜的精细电子束会对样本逐点逐行进行扫描。在这个过程中，探测器会收集电子信号。最后，由计算机合并每个像点，并在显示器上显示放大的样本图像。

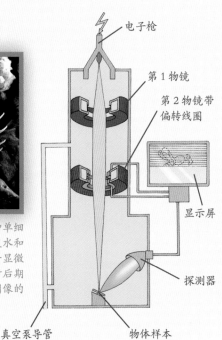

电子枪
第1物镜
第2物镜带偏转线圈
显示屏
探测器
真空泵导管
物体样本

扫描电子显微镜下看到的硅藻。这种单细胞藻类具有坚硬的硅酸盐外壳，在淡水和盐水中会呈现不同的形状。扫描电子显微镜只能显示黑白图像，但是可以进行后期着色，而最令人印象深刻的在于其图像的三维立体效果。

看见原子

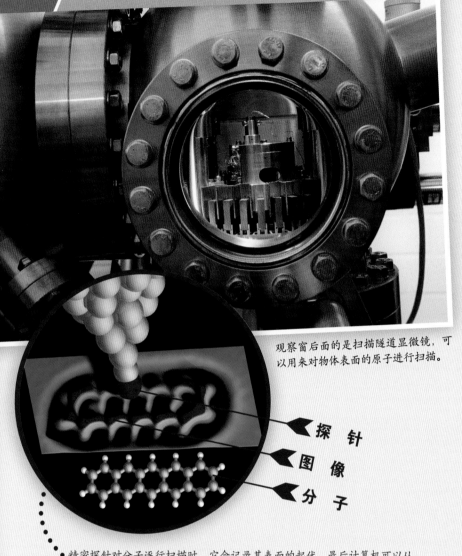

观察窗后面的是扫描隧道显微镜,可以用来对物体表面的原子进行扫描。

探 针

图 像

分 子

精密探针对分子逐行扫描时,它会记录其表面的起伏。最后计算机可以从这些数据中生成分子图像。

实至名归：新型显微镜的发明

格尔德·宾宁和海因里希·罗雷尔因发明了扫描隧道显微镜而获得 1986 年的诺贝尔物理学奖。他们与恩斯特·鲁斯卡（左图）分享了这一奖项，恩斯特在 20 世纪 30 年代初发明了电子显微镜。

我们周围的所有物质，包括我们人类自身，都是由微小的原子构成的。但是原子无法透过放大镜或光学显微镜进行观察。它们太小了，我们只能使用特殊的高倍显微镜，例如高分辨率的透射电子显微镜。不过，也有其他类型的显微镜可以清晰地显示出物质的原子结构。

扫描隧道显微镜

1982 年，德国的格尔德·宾宁和瑞士的海因里希·罗雷尔发明出了一种全新的显微镜——扫描隧道显微镜。它并非借助光或电子来观察物体，而是通过极为精细的探针在物体表面移动扫描，从某种意义来说它更像是在"感觉"物体。这种显微镜必须在探针和样本表面之间施加电压，因此只能观测导电样本。理想情况下，针尖极为尖锐，仅由一个原子组成。如果针尖足够靠近样本表面，且不直接接触，就会产生非常微弱的电流，即所谓的隧道电流。针尖先在样本表面移动，如果碰到障碍物（如较大的样本原子），则尽量向上移动，但保持隧道电流稳定。在针尖逐行扫描样本表面期间，计算机会生成该样本的高倍数放大图像。

原子力显微镜

如果想要研究不导电的样本，那我们需要使用 20 世纪 80 年代中期发明的原子力显微镜。它同样使用超细针尖通过逐行扫描的方式记录样本表面结构，但不需要施加电流，而是利用针尖和样本表面原子之间的作用力，以达到观测目的。这是因为原子之间存在互相吸引的特性！在使用原子力显微镜的过程中，针尖同样必须与样本表面极为接近。探针被固定在一块精细的金属板上，如果针尖的原子与样本表面的原子过于接近，则会产生强烈的排斥力。由于这种排斥作用，金属板会略微弯曲，通过激光射线可以检测这种弯曲情况。针尖逐行扫描样本，因此我们可以得到样本表面的三维立体图像。

"原子钳"：使用扫描隧道显微镜甚至可以抓住、移动并重新放下原子。

比原子还小——这可能吗？

观测物体越小，则显微镜越大。位于瑞士日内瓦近郊的欧洲核子研究组织（CERN）拥有大型强子对撞机（LHC），它是世界上最大、能量最高的粒子加速器，其环状隧道有 27 千米长。通过这个大型强子对撞机，我们甚至可以看到原子核！在对撞机中，原子核被加速到接近光速并互相撞击。利用同样巨大的监测器，如超环面仪器（ATLAS），可以分析在加速过程中因撞击而产生的数量庞大的粒子。

不可思议！

《男孩和他的原子》是世界上最小的动画影片，它是用原子"绘制"的，由超过 240 幅单独的图像组成。借助扫描隧道显微镜，原子在一张邮票大小的铜片上独立移动。研究人员创作这部影片，并非为了赢得奥斯卡金像奖，而是想展示未来的数据将如何以原子形式进行存储。

注 意！

你有可能会需要处理具有毒性或带有刺激性黏液的化学物品和植物，注意不要让任何东西进入你的眼睛、鼻子或嘴巴！在使用显微镜前后，你都应该洗手。在观测期间，请不要吃喝任何食物！

在室外使用显微镜时，如果看到花园池塘里发现的一切，你一定会大吃一惊！对于初学者来说，使用一个杯子放大镜就可以开始探索新世界了。

显微镜实验室

利用不同的染色溶液，可以看到玻片标本中的不同细节。

在使用入射光显微镜时，可以将样本直接放在显微镜下观察而不需要太多的准备工作。透射光显微镜与此相反，通常需要对样本进行专门的处理和准备。因此，在使用透射光显微镜时，你需要很多配件。这些配件大多可以在药店、实验室用品专卖店或同样会使用显微镜的照相馆里买到，甚至在家中也能找到很多适用的东西。

载玻片和盖玻片

首先需要载玻片。它们是小小的矩形玻璃片，用于放置待观察的对象。这些对象通常是潮湿的物质，在上面需要覆盖一个极薄的方形玻璃片——盖玻片，以防止观察对象变干。盖玻片非常薄且易碎，只能使用一次。在处理用过的盖玻片之前，最好将它们收集到一个旧玻璃罐中。结实的载玻片可以反复使用，使用清洁剂和清水进行清洗即可。

处理和着色

对于固体物质，如苍蝇腿，可以用镊子或解剖针将它们放到载玻片上。而如果是液体物

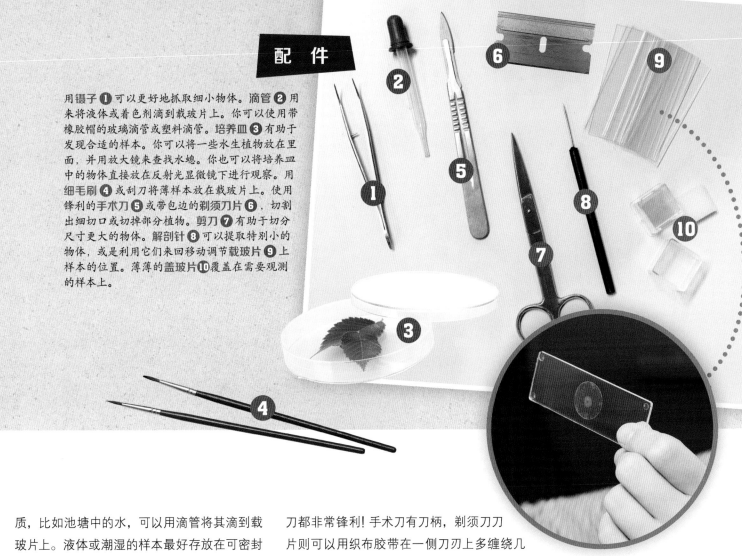

用镊子❶可以更好地抓取细小物体。滴管❷用来将液体或着色剂滴到载玻片上。你可以使用带橡胶帽的玻璃滴管或塑料滴管。培养皿❸有助于发现合适的样本。你可以将一些水生植物放在里面，并用放大镜来查找水螅。你也可以将培养皿中的物体直接放在反射光显微镜下进行观察。用细毛刷❹或刮刀将薄样本放在载玻片上。使用锋利的手术刀❺或带包边的剃须刀片❻，切割出细切口或切掉部分植物。剪刀❼有助于切分尺寸更大的物体。解剖针❽可以提取特别小的物体，或是利用它们来回移动调节载玻片❾上样本的位置。薄薄的盖玻片❿覆盖在需要观测的样本上。

质，比如池塘中的水，可以用滴管将其滴到载玻片上。液体或潮湿的样本最好存放在可密封的玻璃容器中，比如果酱瓶。干燥的样本可以放在信封中，昆虫可以放入火柴盒、塑料盒或带盖的玻璃杯中保存。你可以利用各种染色溶液和液体着色剂，通过着色，使样本的部分结构更加清晰。利用滤纸、吸墨纸或裁成小片的厨房用纸，可以吸干载玻片上多余的液体和着色剂。你最好在一块尺寸为 10 厘米 ×20 厘米的玻璃板上操作，使用旧相框上的玻璃即可。有了这样一块可以反复清洗的底板，就可以保持显微镜所在位置的清洁了。

剪刀和刀片

你可以使用一把小巧锋利的水果刀和一把小剪刀对样本进行粗略剪切。手术刀或剃须刀刀片可被用来进一步精细剪切。当心，这两种刀都非常锋利! 手术刀有刀柄，剃须刀刀片则可以用织布胶带在一侧刀刃上多缠绕几层以免受伤，或者你也可以选择单刃刀片。最好将你的显微镜观察实验装备收在一个有盖的大塑料盒子中，这样可以防止丢失东西，并且可以随时准备好开始你的观测实验。

将待观测样本放到载玻片上，上面覆盖上盖玻片。如果是较厚的活体样本，例如水蚤，为了避免挤压，最好使用带凹槽的载玻片。

显微镜的保养

显微镜是一种灵敏的光学仪器，固定在用以支撑的镜臂上。在不使用时，最好将它放到包装盒中，或者用塑料袋套上，防止灰尘及污垢侵袭。目镜和物镜也始终固定在显微镜上，以防止污物进入镜筒。即使这样，仍然无法避免最上面的目镜镜片被灰尘、睫毛上的油脂和泪液污染。这时，使用柔软、干净的超细纤维清洁布擦拭，就可以恢复目镜的清洁。

如何正确观察

显微镜和其他所有配件都已经准备完毕，现在我们就缺少一个具有观测价值的对象了。许多显微镜都配备了现成的标本：一条苍蝇腿、一片薄如蝉翼的木片，或是肉眼几乎看不到的花粉。

显微镜的操作非常简单，但是要确保物镜不触碰到载玻片。

1

第一次观察时，你可以将一根头发或一小段羽毛放在滴了一滴水的载玻片上，随后在上面放上盖玻片。如果有必要，可以用解剖针针背或铅笔轻轻按压。然后用一小块滤纸吸干多余的水分。好了，前期的准备工作完成了！

2

注意，带物镜的镜筒不要太靠近载物台。首先小心转动物镜转换器，选择放大倍数最小的物镜，并对准载物台上的通光孔。当物镜正确就位，你会听到"吧嗒"卡入的声音。现在将物镜底部调节到载物台上方约1厘米处。有些显微镜通过移动镜筒来调节观测距离，有些则是通过载物台的上下升降进行调节。在调节过程中，不要通过目镜观察，要从侧面检查。现在，你可以通过目镜观察，并调节照明了。

3

现在将载玻片推到载物台的压片夹下固定。物体应大致位于载物台上通光孔的中间位置。缓缓缩小物镜和载物台之间的距离，直到物镜镜头刚好在盖玻片上方大约1至2毫米处。调节距离过程中，再次从侧面检查，在任何情况下，物镜都不能碰到盖玻片上！这样会刮坏镜头。

→ 你知道吗？

有时你的眼前会掠过黑点，这是眼液中不透明物质的阴影。它们通过明亮的显微镜光线透射到眼睛的视网膜上。不需要担心。

4

现在，你可以通过目镜观察，并再次缓慢加大物镜与载玻片之间的距离。最终物体被聚焦——但愿没有任何污染物，比如灰尘或气泡。现在你可以轻松地来回推移载玻片。你会发现，显微镜下看到的物像是左右以及上下颠倒的。如果将载玻片向左移动，则图像将向右移动。找到样本中你最感兴趣的部分，例如苍蝇腿的末端，这时也许你需要重新对焦。

5

如果发现一个特别令你兴奋的部位，可以在更高的放大倍数下进一步观察。将物镜调节到更高倍数的镜头，同样从侧面检查调节情况。你可以通过这种方式调换各种放大倍数的物镜。

草履虫属于纤毛纲生物。这些淡水动物生活在池塘、湖泊和河流中。最大的草履虫可达零点几毫米的长度，肉眼可见。

你的观察日记

有句关于显微镜的名言是这样说的："你只有画下来，才证明你看到了！"即使你的显微镜配有 USB 摄像头，也不能代替准确及时的观察和描述。最好准备一本观察日记，画出你所观察到的物体，并记录你认为重要的一切内容：

▶ 你正在观察的是什么？

   ▶ 你是什么时候、在哪里发现它的？

     ▶ 你是如何准备及着色的？

       ▶ 你选用的物镜是多大的放大倍数？

       ▶ 你在书籍中找到了有关待观测样本的资料和信息吗？

可以看到，在草履虫内部有一些微小的气泡，这是它们消化食物的食物泡。

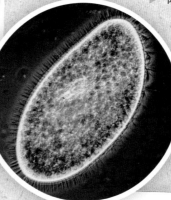

草履虫观察笔记：

2018年6月20日
布罗姆巴赫

"嗖嗖"地快速运动。
放几丝棉花纤维可以避免它乱动。

放大倍数：
64～640X。

继续不停地游动。
前进推动力：纤毛。

在春天，你会在许多池塘和鱼池中发现绿色的水藻，尤其是这种丝状的水绵。含有叶绿素的叶绿体在其中呈双螺旋筒状混乱排列。

DIY 手工制作专区

池塘中的绿色水藻

即使在较低的放大倍数下，也可以看到由一系列细胞组成的绿色丝状物质。根据物种的不同，这些细胞组成了绿色的丝带、颗粒或星形物质。水藻之所以呈现绿色，是因为含有叶绿素。叶绿素有助于包括藻类在内的所有植物从阳光中吸收能量。

1 你可以用一根细棍从池塘中挑出一些绿色的水藻，然后将其放入一个带旋盖的玻璃瓶中，并加入池塘中的水。

2 在家里，你可以用镊子和剪刀，剪下一小块水藻。用滴管在载玻片上滴上一滴清水，然后用解剖针将剪下的水藻移入水滴中。

3 现在盖上盖玻片，并用一张滤纸吸掉多余的水分。水藻玻片标本准备就绪了。

从物体到切片

并不是所有的东西都可以直接放在透射光显微镜下观察。大多数物体必须先经过处理，制成薄薄的玻片标本。与此同时，使用反射光显微镜，我们可以非常容易地进行观察，因为光不必穿透物体。大多数情况下，玻片标本的制作准备工作非常简单。你只需要在载玻片上滴上一滴水，然后将物体放入水滴中，最后盖上盖玻片，完成！如果是较厚且不透明的物体，必须先进行切割。如何切割，取决于待观测物体本身。在专业的显微镜实验室中，会使用昂贵的切割设备，利用显微切片机可以切割出极薄的切片。当然也有便宜的实验设备，例如使用胡萝卜和剃须刀片。

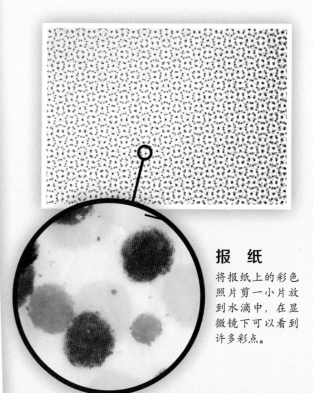

报纸

将报纸上的彩色照片剪一小片放到水滴中，在显微镜下可以看到许多彩点。

植物的茎

通过观察薄切片，你可以看到玉米的茎由许多小管组成。较厚的管用来将水和矿物质养分从根部输送到植物的其他部位。薄管则用来将叶片通过光合作用转化的糖分输送给植物刚刚生成的新细胞。

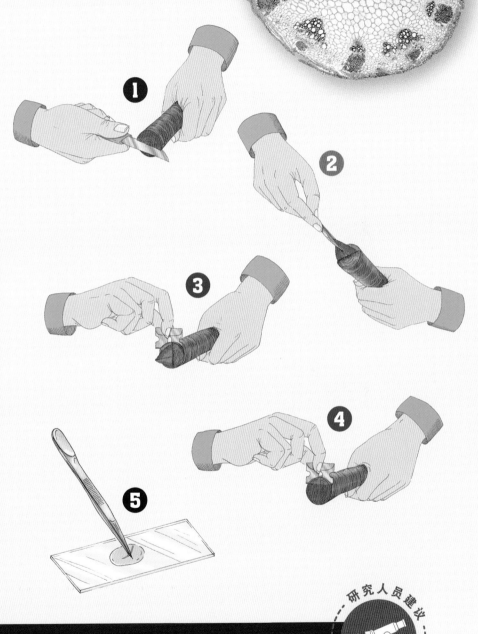

如何制作薄切片？

价格低廉的胡萝卜切片机的工作原理是这样的：❶用刀从纵向切割胡萝卜，不要切断。❷现在你可以将待观测物体（例如一片叶子）插入胡萝卜的切口槽中。❸按压，使叶子夹紧。将胡萝卜放在稳定的台子上，用剃须刀片切下一块较厚的、带叶子的胡萝卜。这样你就得到了第一个清晰的切面。❹然后在上面滴上一滴水，将剃须刀片放在胡萝卜切面的边缘，切下尽可能薄的一片。为了不压碎脆弱的植物细胞，切割的时候不要按压，而是使用来回拉动刀片往下锯的方式。❺切完之后，请将剃须刀片平放在台子上。用镊子小心夹起切好的切片，移到载玻片上的水滴中。最后盖上盖玻片即可。要想得到理想的薄切片，需要多多练习。最好一次多做几个切片，练习的次数越多，操作起来就越容易。

制作茎和块茎的切片

不同植物的茎，例如玉米、荨麻、芹菜，它们的薄切片看起来是什么样子的呢？你也可以利用水果或块茎植物，例如苹果或土豆制作切片。对于这类较厚的物体，你可能需要选用手术刀或其他锋利的刀具，先挖一个较大的洞。

研究人员建议

去除气泡！

有一个简单的办法可以去除烦人的气泡——用一块滤纸放在盖玻片下吸水。气泡会随着水流一起被吸走。

血液中含有大量输送氧气的红细胞。其他血细胞用于对抗细菌和病毒。

细胞：生命的基石

血液：
生命之源

如果你不小心割伤了自己，那么可以利用这个机会在显微镜下观察自己的血液。你可以在一块干净载玻片的半边滴上一小滴血，手持另一块载玻片，将其边缘浸入血中，并在滴血的载玻片上滑过，这样就形成了一层薄薄的血膜。最后盖上盖玻片。在显微镜下你会看到红细胞吸收了肺部的氧气，并输送给其他需要氧气的细胞。一滴血中含有一亿个红细胞！因为含有血红蛋白，所以红细胞是红色的，又因为血液中的红细胞含量非常多，所以我们的血液就是红色的了。

通过一块载玻片将一滴血稀释成一层薄薄的血膜。在这个血液涂片中，血细胞被分散开来。

所有的生物（除病毒外）都是由微小的单元——细胞构成的。有些生物只有一个细胞，有些却有数千甚至数万亿个细胞。英国物理学家罗伯特·胡克在三百多年前创造了"细胞"这个词，当时他在软木塞中发现了许多呈小房间结构的死细胞。而现在，你可以通过显微镜轻松地观察活细胞。

如何让细胞聚集在一起

每个细胞都被薄薄的细胞膜包裹。它可以保护细胞免受入侵者的危害，同时将所有的细胞成分聚在一起，确保细胞质（一种黏稠的液体）不会四处流动。细胞膜并不是完全密封的，它有许多小孔，使得包括水在内的一些物质得以进出。如果一个细胞被高浓度的糖或盐溶液包围，会失去大量的水，从而逐渐收缩，最终死亡。另一方面，如果它被蒸馏水，即完全纯净的水包围，水分子会渗入细胞，甚至可能导致细胞破裂。

奇妙的植物细胞

与动物细胞不同，植物细胞除了细胞膜之外，还有一层坚固的细胞壁，其主要成分是纤维素。细胞壁提供了更安全的保护。此外，一些植物细胞还含有叶绿体，它们就像小容器一样"盛满"了绿色色素——叶绿素。叶绿素是植物进行光合作用必不可少的物质。光合作用是一个化学过程，是指植物中的水和二氧化碳在阳光的作用下生成富能有机物（主要是碳水化合物，例如我们所知的糖类），同时释放氧气的过程。

细胞核

植物和动物细胞带有包含遗传信息的细胞核，这就是生命的蓝图。细胞通过分裂会产生新的细胞，这时细胞核的外膜会短暂溶解，并形成两个新的细胞核。

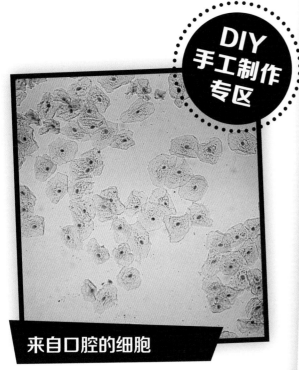

来自口腔的细胞

用勺子刮涂你的脸颊内侧，或是用棉签擦拭你的口腔黏膜，这样可以从中获得一些细胞。现在可以在显微镜下观察这个口腔黏膜的玻片标本。最好用亚甲蓝或是蓝墨水对细胞进行着色处理，这样就能更清晰地看到细胞核了。

洋葱细胞

1 将洋葱切半，用手术刀在较厚的洋葱片中间切下一个小方块，然后用镊子或解剖针头撕下一层薄膜。

2 可以使用解剖针，将洋葱薄膜放到载玻片上的水滴中。

3 现在需要盖玻片，将盖玻片一侧倾斜，然后小心盖到载玻片上。

4 为了能够更清晰地看到细胞核，你可以进行着色处理。将一滴染色剂（蓝墨水或碘溶液）滴在盖玻片边缘，然后用滤纸从另一侧吸取多余液体。随着染色剂的流动，便可完成着色处理。但要小心！显微镜的金属部件不能沾到碘溶液。

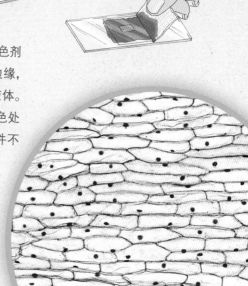

洋葱表皮细长的细胞：通过着色，可以清晰看到细胞壁和细胞核。

水滴中的生命

水中充满了微小的生物。但是，那些选用纯净水放到显微镜下观察的人可能会感到失望，因为我们喝的纯净水太干净了。要进行观察，最好是采用来自池塘的水样本。

如何正确收集样本？

因为大多数微生物都位于所谓的培养基和固体表面上，因此你最好收集携带着水的石头、木头、水草、植物残体、叶子、土壤或芦苇茎。你可以在家中对它们进行刮涂，制成玻片标本，然后在显微镜下观察。来自不同地方的水样会带来不同惊喜。你可以在溪流、池塘和雨水桶中取样，也可以在水族箱过滤器或花瓶的积水中取样。

浮游生物的神奇世界

通过肉眼，你就可以看到池塘水中的昆虫幼虫、水生甲虫和水蚤。但是，只有用显微镜才能了解浮游生物的神奇世界。浮游生物包括微小的植物、动物和细菌，是漂浮在水中或随水流移动的生物体，因为它们无法自行游动。

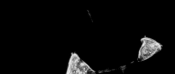

钟 虫

一些钟虫建立了自己的"殖民地"。它们以细菌、藻类等为食，牢牢地将自己固定在一根长柄上。在出现振动时，长柄会瞬间卷曲成螺旋状。

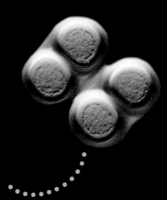

蓝球藻

蓝球藻属于蓝菌门。它通过细胞分裂进行繁衍，子细胞通过凝胶状包膜聚集在一起。

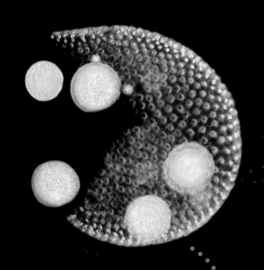

团 藻

池塘中的"美人"。团藻是一种充满胶体的空心球，下一代在它的内部生长。当球体死亡时，子群体就会从中逸出。

研究人员建议

胶水和黏土

一些纤毛虫，例如草履虫的"奔跑"速度是非常快的。为了更好地观察它们，可以使用壁纸胶水，然后用滤纸吸出盖玻片下用水稀释的多余胶水。胶水困住了草履虫，这样你就可以更容易地观察它们了。

干草液

将一把干草或枯草放入密封的玻璃瓶中，并加入池塘或雨水桶中的水，然后将玻璃瓶放置在阳光下。几天后你会发现水面上形成了一层薄膜。这是霉菌层，是由杆状的枯草杆菌组成的，它们依靠表面生长的鞭毛移动。通过显微镜，你还可以看到水中的变形虫和草履虫。这种干草液闻起来令人作呕，所以最好还是保存在密封的玻璃瓶中。

新月藻

新月藻属于双星藻目，绝大多数种类呈新月形。这种观赏性藻类在沼泽池中尤为常见。

盘星藻

这种绿色水藻通常由 8 至 32 个细胞构成。细胞呈辐射状，彼此连接形成扁平的盘状结构，这就是盘星藻这个名字的由来。

剑水蚤

剑水蚤和水蚤一样，都属于甲壳动物。它们通过头顶的触角向后猛烈摆动，促使身体向前跳跃。

变形虫

变形虫没有固定的形状，也没有嘴巴，却不会饿死。它们会直接包裹住猎物，然后在体内进行消化。

喇叭虫

当草履虫在水中自由游动时，喇叭虫却用它长在身体后端的柄牢牢附着在其他物体上，例如水藻。它身上布满纤毛，体前端长有许多小膜，通过运动小膜，捕捉猎物，导入胞口内。

太阳虫

这些放射状的丝状伪足实际上是太阳虫的捕食工具。轴丝能放出毒质，对小动物进行麻醉，然后再慢慢消化掉。

草履虫

单细胞的草履虫正在兴奋地四处寻找食物。它们身体表面附有许多纤毛，像船桨一样来回摆动。因此，草履虫也属于纤毛纲。

显微镜下的明星

这既不是橡皮熊，也不是吸尘器的集尘袋，而是生活在苔藓叶子之间的、饥饿的缓步类动物。

水蚤、水螅和缓步类动物都是令人备感兴奋的观测对象。通过观察，你可以了解这些动物如此特别的原因。当然，你首先要掌握捕捉它们的技巧。祝你好运！

水 熊

　　水熊属于缓步类动物，通常只有 0.5 毫米大小，你可以在海水、河水、温泉和森林中找到它们。但是，发现它们最简单的方法是在岩石或石壁上生长的青苔垫下进行寻找。先清除青苔垫上的泥土和杂质，然后将绿色一面朝下，放入培养皿中。倒入大量清水，直到青苔被浸透。几个小时后取出青苔，用放大镜在水中寻找水熊，找到后用滴管进行捕捉。水熊喜欢潮湿的环境，但在干燥环境下也能长时间生存。这时，它们会蜷缩成"小桶"，通常可以等待数十年，直到再次获得充足的水分。在这种"休眠"状态下，它们的新陈代谢会保持在最低限度，当有足够的水分时，身体又会慢慢地重新伸展开来。

不可思议！

　　科学家甚至将水熊送到外太空，将它们暴露在致命的紫外线辐射、冰冷的温度和没有空气的真空环境中。当它们返回地球后，许多水熊都重新从"冰冻"状态中苏醒过来，有的甚至能繁衍后代！

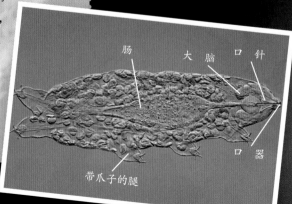

肠　　大　脑　口　针

带爪子的腿

口　器

某些种类的水熊是杂食动物，而另一些则是素食主义者。它们用尖管，也就是所谓的口针刺入纤毛虫或苔藓植物细胞中，并吸取其中的营养。

水蚤

这种特别漂亮的小生物是水蚤。捕捉它们有一个小技巧：先拔掉玻璃滴管的橡胶帽，用手指堵住尖端，将玻璃管宽口的一端从上方靠近水蚤。然后松开手指堵住的一侧，让水和水蚤一起被吸入管内。吸入后立即用手指再次堵住尖端，将水蚤连同水一起滴在准备好的载玻片上，盖上盖玻片进行观察。

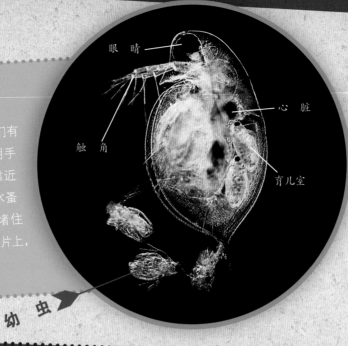

眼睛

触角

心脏

育儿室

水蚤的触角是它前进的"方向舵"。雌性水蚤从腹部产卵，培育幼虫。你还可以观察到它们跳动的心脏！

幼虫

盘中美餐！如果水蚤太靠近水螅的触手，就会被粘住，成为水螅的美餐。

淡水水螅

淡水水螅通常栖息在芦苇茎和其他水生植物上。收集来自不同水域的水和各种植物，将它们装在果酱瓶中，然后在凉爽的房间内放置几天。水螅遇到刺激时会将身体缩成一团，所以用放大镜在植物上寻找它们时要格外小心，避免震动。有些水螅可以长到 1 厘米长！虽然淡水水螅看起来好像成熟的植物，但它们的确是一种动物。如果要更换栖息地，它们会将触手从附着物上松开，然后像毛毛虫一样，身体一曲一伸地移动，或是以翻跟斗的方式前行。

布满刺细胞的触手

口

基盘

淡水水螅的触手牢牢吸附在水生植物上。

研究人员建议

千万不要按压！

水蚤、淡水水螅和水熊是微生物中的明星。但要小心！它们体型比较大，如果按压盖玻片，可能会压碎它们。为了防止出现这种情况，你可以在盖玻片的四角各滴上一滴蜡烛的蜡液作为支脚，也可以用黏土搓成小球充当隔垫，或者也可以在盖玻片的两侧边夹入两根短尼龙绳。当然，最佳的办法还是使用带凹槽的载玻片。

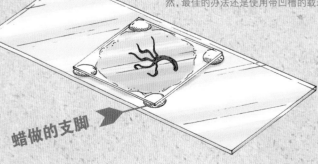

蜡做的支脚

绿色世界

它们为我们提供了食物和新鲜的空气。它们清洁大气环境，确保宜人的气候。没错，我说的是植物，没有它们，动物和人类将不可能生存，因为它们将二氧化碳和水转化为糖类，同时释放出至关重要的氧气。通过显微镜，你可以观察到植物的精细结构。

管 道

用胡萝卜切片机制作出叶子、茎和根的切片。你从未染色的切片中发现了什么？染色后首先会看到什么？你会发现它们为植物提供水和矿物质营养的管道，它们同时还会输送光合作用形成的糖类。植物通过根部从土壤中吸收水分和养分，你可以直接将它们放入载玻片上的水滴中，用显微镜进行观察。当然，首先需要从根部较厚的地方切下一部分做成玻片标本。

呼吸孔

植物需要二氧化碳气体进行光合作用，借助阳光，形成糖分子。动物和人类都会呼出二氧化碳，因此在空气中含有大量的二氧化碳。植物也需要呼吸，也会呼出二氧化碳。在绿色植物的叶子背面，我们能通过显微镜发现微小的呼吸孔，即所谓的气孔。你可以收集郁金香或蒲公英叶子，用剃须刀片或手术刀在背面斜着切下一片薄片。最好放在玻璃罐上进行切割，这样切下的薄片效果特别好。多切几片，用镊子撕下一层薄膜，然后移入载玻片上的水滴中，在显微镜下进行观察。找一处特别薄的位置，你会看到细长的细胞。在这些细胞之间，你会看到中间有缝隙的椭圆形结构体，这就是气孔。每个气孔都是由两个保卫细胞围合而成的。天黑后，植物无法进行光合作用，它们会闭合气孔，以免水分蒸发过多。到了白天，气孔会重新张开。

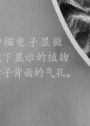

扫描电子显微镜下显示的植物叶子背面的气孔。

上方两张图片显示的是光学显微镜下看到的缝隙开口。你能从位于下方的那幅图中看到气孔刚刚闭合的样子。

筛管细胞

蒲公英根部的横截面。筛管是韧皮部中的管状结构，为植物输送水分和养分。

如何将植物叶子做出切片：将叶子放在软木塞或玻璃上，将剃须刀片尽可能平放着进行切片。

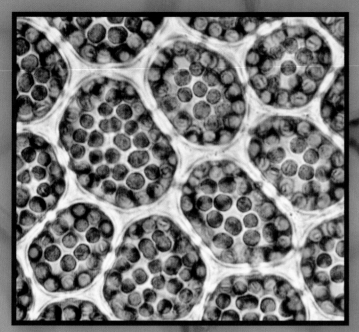

绿色发电厂

在森林和其他潮湿的地方，你可以发现许多苔藓植物。撕下一片苔藓叶子，不需要处理，直接将它放到载玻片上的水滴中，用显微镜进行观察。圆球状的叶绿体中含有叶绿素，叶绿素是进行光合作用的必备条件。

蚁酸注射器

荨麻通过具有腐蚀性的蚁酸来保护自己：它的每根表皮毛中都含有蚁酸，即使是最轻微的接触，刺毛的尖端也会断裂，将刺毛变成"注射针头"。

刺毛尖端

淀粉的颗粒：淀粉粒

植物需要光合作用产生糖类，为生长供给养分。此外，它们还会储存一部分糖类，作为能量，以淀粉的形式储存在马铃薯等植物的块茎中。通过显微镜，我们可以看到这些淀粉。

1 将马铃薯对半切开，用手术刀从切面上刮取一些马铃薯汁。

2 将马铃薯汁移入载玻片上的水滴中，盖上盖玻片。在显微镜下，你会看到椭圆形的结构。这就是淀粉颗粒，也被称为淀粉体。它们含有植物淀粉，也就是碳水化合物，是我们人类食物的重要组成部分。

3 使用滤纸，在盖玻片下滴入一滴碘酒。碘与淀粉发生化学反应，会将淀粉粒变成蓝紫色，最后变为黑色。这样你能更好地识别淀粉的存在。

4 对比小麦、玉米、豌豆、扁豆和香蕉的淀粉粒。根据其形状的不同，可以很好地区分它们。

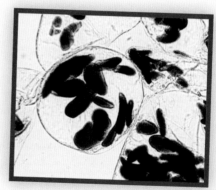

香蕉

取少量香蕉的果肉泥，加入一滴水，用碘酒将淀粉粒染成蓝色。

土 豆

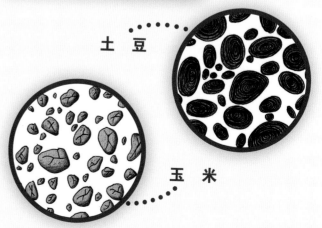

玉 米

花 粉

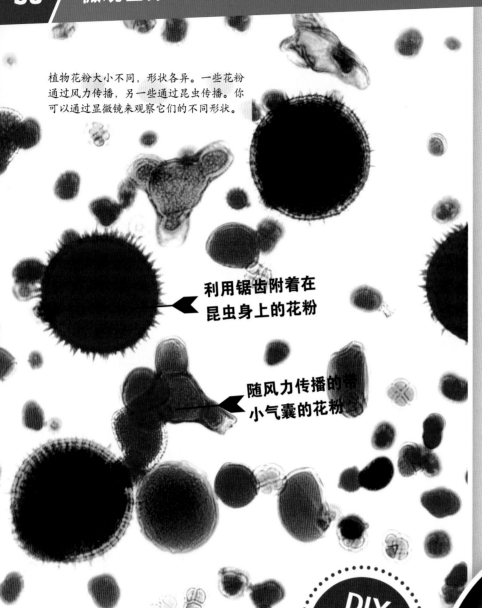

植物花粉大小不同，形状各异。一些花粉通过风力传播，另一些通过昆虫传播。你可以通过显微镜来观察它们的不同形状。

利用锯齿附着在昆虫身上的花粉

随风力传播的带小气囊的花粉

当植物开始传播花粉时，也正是花粉过敏症的高发时期。花粉会随着风从一朵花到另一朵花进行长距离"旅行"。虽然花粉个头很小，但是对于植物物种的繁殖和保护却是极为重要的。

飞行的花粉信使

有些植物依靠昆虫传播花粉。它们用甜美的花蜜吸引蜜蜂前来采蜜。当蜜蜂落在花上用口器吸食花蜜的同时，它们的后腿也沾满了花粉，就像是穿上了一条黄色的"马裤"。当它们飞到下一朵花上采蜜时，花粉就会掉落到雌蕊的柱头上，进而进入子房中，这样就完成了植物的授粉过程。然后子房发育成果实，比如带

DIY 手工制作 专区

蜂蜜中有什么？

玻璃瓶中的蜂蜜甜美可口，难道只包含了标签上所标注的成分吗？因为蜜蜂总是通过后腿将花粉携带回蜂巢，由此你可以了解它是从哪些花朵上采集了花粉。例如，油菜花蜜中是否至少有 50% 的成分来自油菜花？通过显微镜，你可以对花粉进行分析和检测！为此，你必须选择富含花粉的蜂蜜，将一勺蜂蜜和两到三勺温水倒入一个小玻璃瓶中，搅拌至蜂蜜完全溶解。盖上瓶盖放置大约两天。之后你会发现花粉沉积在了瓶底，有少许则漂浮在蜂蜜水表面。用滴管从瓶底吸取一些沉积物，用显微镜进行观察。最后将花粉与蜂蜜中的花粉沉积物进行比较。

如果没有蜜蜂辛勤的工作，世界就会变得大不一样。因为它们为花授粉，花才能结果，我们才能吃到各式美味的水果。

制作永久装片

许多显微镜都配有永久装片，你也可以自己制作永久装片。将少量甘油明胶放入一个小玻璃瓶中，随后往玻璃瓶中加入热水，使其融化。用滴管在载玻片上滴一小滴溶液。你也可以将一块甘油明胶直接放到载玻片上，用无烟火源，例如打火机在载玻片下方融化明胶。蜡烛的火焰会产生烟，所以不太适用。用解剖针刺破甘油明胶溶液中的气泡，然后用小刷子、镊子或解剖针小心地将研究样本移到滴液中，并盖上盖玻片。在载玻片一侧贴上一个小标签，说明样本名称以及制作这个玻片标本的时间和方法。好了，一个永久装片制作完成！

1 用打火机融化一小块甘油明胶。用解剖针刺破其中的气泡。

2 现在小心地将待观测样本放入甘油明胶液体中。它们可以是叶片、苍蝇腿或花粉。

3 盖上盖玻片，在载玻片上进行标注并通风干燥。永久装片容易潮解，存放时最好水平放置。

你可以收集花粉，制作一个永久装片。下图中所示的是松树花粉在显微镜下放大180倍的样子。

松 树
带有两个小气囊的松树花粉。

有苹果种子的苹果。这些苹果种子之后会在土壤发中发芽，长成新的苹果树。

形状很重要

每种植物的花粉形状都不一样。通过风力传播授粉的植物花粉看起来与通过昆虫传播授粉的植物花粉截然不同。例如，云杉花粉具有两个小气囊，而蒲公英的花粉呈锯齿状。小气囊的作用是为了让云杉花粉尽可能远地随风飘走，而蒲公英花粉的锯齿和钩子可以确保它牢牢附着在昆虫身上，然后被带到其他的花朵上。

向日葵
在300倍的放大倍数下，扫描电子显微镜下显示的向日葵花粉。我们可以清晰看到它们周身布满尖刺。

惊人的力量

苍蝇薄而透明的翅膀上布满了脉络，在极端的飞行条件下，这为它们提供了必要的力量。

快速的视觉反应

苍蝇的眼睛是由大量单眼组成的复眼，因此苍蝇的视觉反应比人要快 10 倍。当我们伸出一只手靠近它时，在苍蝇看来这就像是电影中的慢动作一般，因此它可以及时逃离。

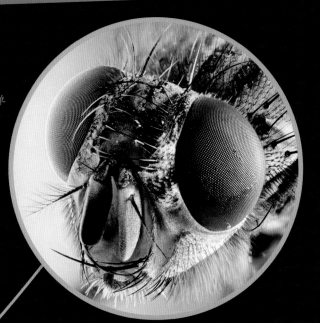

爬行和飞行动物

怪 爪

苍蝇的每只脚上都带有钩爪和具有黏附力的爪垫，于是它们可以在光滑的窗玻璃上行走，甚至可以倒吊在天花板上。

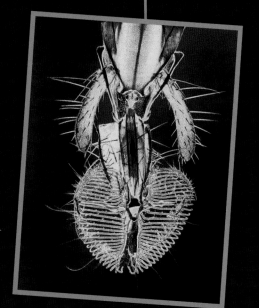

液体吸食器

苍蝇最喜欢以液体为食。如果是固体食物，它们会首先吐出胃液，将其溶解，然后用类似象鼻的舐吸式口器将已经预先消化好的食物吸入腹中。

在我们这个星球上，生活着数百万种不同的昆虫。它们的共同特点是有六条腿，由头部、胸部和腹部三部分组成。在森林和草地上，你会发现各种昆虫：蝴蝶、甲虫、蚱蜢、黄蜂、蜈蚣、蚜虫等。观察活昆虫的最好方法就是利用杯子放大镜，或是放入培养皿中通过反射光显微镜观察。最后别忘了，观察完毕后，要把它们放归大自然。

激动人心的发现

如果想要观察某些动物的肢体部位，没有必要特意弄死它们。你可以在石头和木板下，在库房和其他许多地方找到死去的昆虫，比如蜘蛛和其他小动物，然后将它们存放在装有酒精的小样品瓶中。

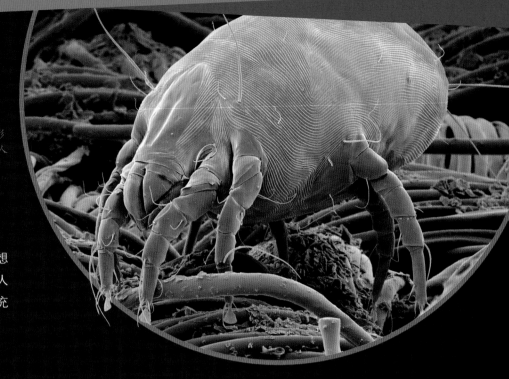

地毯怪物

贪婪的尘螨有八条腿，属于蛛形纲动物。螨虫的粪便会引起一些人的过敏反应。

用镊子和手术刀（或小剪刀）剪切下你想要观察的昆虫部位。精致透明的翅膀特别令人兴奋，同时也易于观察。苍蝇翅膀的脉络中充满了液体，在飞行中可以提供必要的稳定性。

蛛形纲动物

成年的蛛形纲动物有八条腿，蜘蛛和螨虫都属于蛛形纲。尘螨以人类脱落的皮屑为食，生活在床、垫子和地毯下。你也可以在森林的落叶或肥料堆中找到土螨。土螨能够分解死去的有机物质，使其中含有的营养物质再次被植物利用，因而在生态系统中承担了至关重要的任务！粉螨是一种会对储藏物造成损坏的害虫，它们一般生活在面粉和粮仓中。蜱虫和螨虫同属蜱螨亚纲，它们以血液为食，在吸食人类血液时还会传播病原体。

长鼻喙动物

蝴蝶以花蜜为食。它们有着极长的虹吸式口器，可以伸入到花朵的最深处。在飞行时，它们会将长鼻喙卷成螺旋状。

蝴蝶的翅膀上覆盖着无数微小的鳞片，就像屋顶的瓦片一样层层交叠。

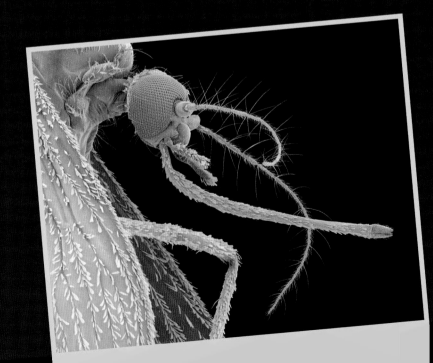

吸血鬼

蚊子体型很小，却特别招人讨厌。蚊子的口器是一个复杂的工具，包括了吸管和唾液管。它分泌出的唾液可以抑制血液凝固。你知道吗？只有雌性蚊子才有这种刺吸式口器，从而吸食人类的血液。

迷人的雪花：每片雪花都是由许多独特而美丽的冰晶组成的。

美妙的晶体世界

在显微镜下观察没有生命的自然体也是很有意义的。特别令人印象深刻的是隐藏在岩石中的矿物质晶体、天然形成的食盐和糖晶体。在显微镜下，它们呈现出规则的结构。使用显微镜观察雪花晶体时，尤其需要细致敏锐。

在家中能找到晶体吗？

在日常生活中，你也可以找到具有观测价值的晶体，例如厨房中的食盐、糖或维生素 C（又称抗坏血酸），你也可以在反射光显微镜下观察首饰，不必非得用钻石戒指，即使是玻璃做的水钻也能闪耀出美丽的光泽。不同之处在于，钻石中的原子排列成规则的结构，而水钻却杂乱无章，因为它实际上只是一种玻璃。

转瞬即逝的美

雪晶只能短暂观察，因为观察者温暖的呼吸气息或是不够寒冷的环境都会让它们快速融化。要直接观察雪晶，最好是在带顶篷的阳台上。不过，要想看到最美丽的雪晶，只有在极地或高山上的清澈空气中才行。

食 盐

当食盐溶于水中并重新干燥后，会形成漂亮的立方体状晶体。尤其是在使用滤光片观察时，你会看到其突出的锐利边角。

糖

食用糖在载玻片上结晶时，表面会形成晶体图案。我们之所以能看到五颜六色的晶体，是因为光的干涉现象。

本特利没有找到两片完全相同的雪晶。直到1988年，科学家南希·奈特在经过长时间的搜索后，才发现了两片完全相同的雪晶。

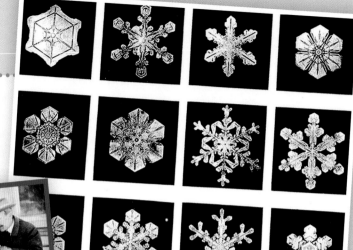

雪花特约摄影师：本特利

威尔逊·本特利（1865—1931）是一位美国农民，一生都痴迷于雪花。为此，他自己制造了一台用显微镜改装的照相机，在冬日农闲的时候就带着自己的设备去拍摄雪花，将这些自然界中稍纵即逝的艺术品记录了下来。

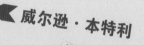

威尔逊·本特利

所有的雪花都具有六边形的均匀结构。它们有的像六角形的扁平小板，有的则像带有六个纤细分枝的星星。

DIY 手工制作专区

捕捉雪晶

如果用显微镜观察雪晶，首先要将显微镜和一些干净的载玻片放到保护罩下进行冷却处理。随后用冷却的载玻片捕捉雪花，并在透射光显微镜下进行观察。你也可以将载玻片放在冷却的黑色垫板上，在反射光显微镜下观察雪晶。为了防止你温暖的呼吸气息融化雪晶，最好在显微镜上固定一块纸板，避免气息吹到载物台上。相信吗？你几乎无法找到两片完全相同的雪晶。

制作晶体

盐罐中的食盐结晶可能会让你感到有些失望，因为它们几乎没有边角。但是，通过一个小技巧，你可以"召唤"出美丽的结晶体！

1 首先将一勺食盐（氯化钠）溶解在温水中，然后将一滴盐水滴到载玻片上，这次不需要覆盖盖玻片。

2 为了避免沾染灰尘，可以在上面罩上一个盘子或杯子。现在让盐溶液尽可能缓慢地干燥，最好是放置一夜。水分蒸发后，剩下的就是由规则的食盐晶体组成的精细白色涂层。

3 在盐溶液干燥期间，你还可以通过显微镜追踪观察它们的结晶过程。

以同样的方式，也可以得到糖、维生素C、柠檬酸和其他物质的晶体。柠檬酸和维生素C可以在药房或药店购买。

显微镜
在科技领域中的应用

光学和电子显微镜已经成为科学和技术领域的多功能工具。在研究微小物体、生命体的精细结构和非生命体的自然现象时，都可以使用显微镜进行观察。为此，科学家们正不断开发新的显微镜技术以及玻片的制备方法。

食品检验

兽医和农业研究机构的专家使用显微镜检测牲畜和植物的疾病。食品微生物学家用它来检测商店和餐厅中的食物是否含有细菌、真菌和害虫。

在猪肉中有时会含有被称为旋毛虫的囊虫。一旦吃了这种猪肉，很可能会感染重病。因此始终需要使用显微镜检查猪肉是否存在这类寄生虫。

医学领域

在医学实验和医疗实践中，需要使用显微镜来检测血液、尿液或黏膜上是否存在诸如细菌、真菌或寄生虫的病原体。病理学家会根据待检测的组织样本，判断其是病变组织还是健康组织，从而进行有针对性的疾病诊断。显微镜也是研究新疗法过程中不可缺少的工具。

生物学和环境保护

通过显微镜对水源中的微生物进行观测，可以了解有关水质情况的信息。如果有毒物质或农业废水流入自然界中的水域，水中的微生物组成会发生变化。根据藻类、纤毛虫或无脊椎微生物（如昆虫幼虫）的种类，可以判断水源的污染程度。

血液中含有这种锥体虫的人，很可能患有会危及生命的昏睡病。

锥体虫

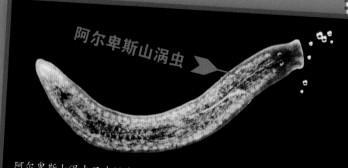

阿尔卑斯山涡虫

阿尔卑斯山涡虫只生活在清洁的水域中。如果你发现了它，就说明这里水质良好，没有污染，绝对健康。

地质学

地质学是研究岩石和地球结构的科学。显微镜有助于识别岩石和矿物质，并破译其形成的过程。这样，我们可以深入了解地球的过去以及它在数百万年间的变化。

月球岩石标本。借助光波只在一个方向上振荡的偏振光，可以在显微镜下清晰地区分各种岩石的成分。

考古学

在考古区域附近的土壤中可能含有花粉，它们会提供关于植被以及植物的信息，从而为科学家了解昔日的气候情况提供帮助。从木乃伊的胃部残留物中，研究人员能了解古埃及人的饮食风俗，这正是它们被仔细研究的原因。用显微镜观察木乃伊的护身符或项链，可以了解它们是如何被制作出来的。服装的材质和图案也让我们得以深入了解当时人们的时尚风格。

考古学家在挖掘过程中都会格外小心谨慎，确保不放过任何细微的痕迹。

计算机芯片：显微镜也被用于制造微小的电子部件。

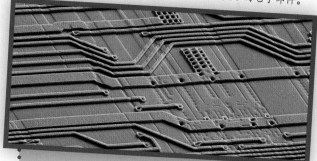

古生物学和古人类学

古生物学家研究古代的植物和动物遗骸，也就是我们所说的化石。在去除石化恐龙骨骼沉积物的过程中，借助显微镜可以避免损坏化石。在霸王龙的石化骨骼中，甚至可以检测到红细胞和骨细胞的残留物！另一方面，古人类学家也会研究我们人类祖先的骨骼和牙齿，了解他们吃了什么，是否有足够的食物以及他们的健康状况。通过这些信息，研究人员得出结论，早期人类的生活是非常艰辛的。

技术领域

显微镜还有助于开发新型材料。在制造微小但至关重要的机械部件时，离不开显微镜的帮助。如果飞机坠毁，或者出现部件的其他故障，也可以通过显微镜确定事故的原因。有些几乎无法辨别的、像头发丝一样的裂纹，只能在显微镜下才能看到。

法医学：
寻找案犯的蛛丝马迹

法医学的先驱艾德蒙·罗卡（1877—1966）曾提出一个著名的定律："凡走过必留下痕迹！"法医学涉及侦查、分析和犯罪现场重建的所有内容。明显的痕迹，例如鞋印或子弹壳通过肉眼就可以轻易发现，然而像指纹这类人眼不可见的痕迹，就必须通过显微镜来发现和辨别。

毛 发

法医技术人员（官方称为痕迹学家）穿着白色的防护服，使用特殊的真空吸尘器在现场收集纤维、灰尘、皮屑、毛发，以及地板、家具和衣服上的其他痕迹。但是，毛发是谁的呢？是来自受害者、访客还是罪犯？抑或是家中的狗毛？为此，需要使用光学和电

每个人的指纹都是独一无二的。专业的扫描仪可以将指纹自动编码，并与数据库中的指纹信息进行对比。

狗

哺乳动物的毛发长度、发根和表面结构各不相同。专家确定这是德国牧羊犬的毛发。

人 类

通过扫描电子显微镜观察到的人类头发表面为鳞片状。你也可以使用光学显微镜来观察自己的头发。

猫

猫毛尤为纤巧，它们的表面结构差别很大。此外，即使是同一种猫，也可能会具有不同的毛发类型！

绒毛和纤维

DIY 手工制作专区

像法医技术人员那样，用一条透明胶带从地板上粘起灰尘和绒毛。你可以在显微镜下观察这些粘起来的头发或纺织纤维。对比不同的衣物样本，例如牛仔裤、套头衫和运动衫，在显微镜下，这些纤维有什么不同？这样，你就可以确定谁曾经来过你的房间！

子显微镜检查这些毛发，并与其他样本，例如来自家庭成员的毛发进行比对。

纤维和颜色中隐藏着什么？

使用简单的光学显微镜就可以区分羊毛、棉和合成纤维材质。专业的显微镜还带有额外的分析工具，例如 UV 光谱仪。聚酯合成纤维会显示出与丝绸完全不同的 UV 光谱。使用这种设备，可以检查钞票上的印刷墨水或绘画作品上使用的颜料。因此，显微镜还能帮我们发现赝品。

花粉"证人"

花粉会泄露许多秘密。每种类型的花粉都在特定的季节出现。通过罪犯衣服上沾染的花粉，可以判断他曾在什么时间出现在什么地点。他看不到微小的花粉，但是花粉却牢牢黏附在他的衣服上。即使经过了清洗，衣服上依然会留有花粉信息，足以指证他的罪行。

漆　痕

发生了一起交通事故，但是肇事者却逃离了现场。没关系，法医技术人员可以对脱落的车漆进行显微镜检测。由于现代化的汽车都喷涂了多层车漆，因此通过将车漆碎片与汽车车漆数据库中的信息进行比对，可以找出限定范围内的车型及其生产年份。许多交通事故肇事者都是通过这种方式被找到并定罪的。

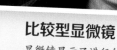

左图是犯罪现场留下的弹痕，右图是在实验室中用疑似凶器的枪射出的弹痕。弹道完全一致。

比较型显微镜

显微镜显示了进行射击的是哪种武器。子弹通过枪管时会产生划痕。如上图显示器上的图像所示，武器的撞针也会在弹壳底部留下清晰的印记。

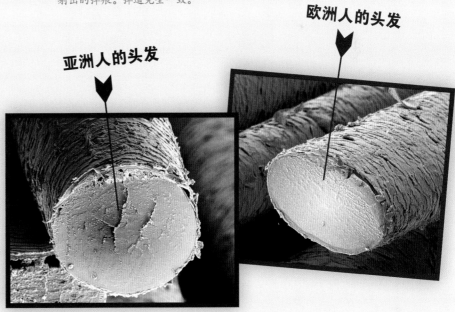

亚洲人的头发

欧洲人的头发

谁的头发？

我们知道，动物和人类的毛发是完全不同的。但是，通过扫描电子显微镜，我们发现，即使是人类的头发也存在差异。欧洲人的头发横截面近似于椭圆形，而日本或中国人的头发横截面看起来更圆、更粗。

美女与野兽

我们的记者带来了两位"小客人"，它们一起在镜头下接受了我们的采访：一位是跳蚤女士，她因为嗜血而声名狼藉；另一位是放射虫，也叫放线虫，长有放射状排列的伪足。然而，美丽背后的真相是什么呢? 跳蚤最终吸食的不仅仅是血液吗?

今天，跳蚤女士接受采访，我们请她坐到载玻片上······

    跳蚤：我是正面面对镜头好一些，还是侧面好一些?

姓 名：跳蚤
特 长：极具运动天赋
爱 好：跳高和跳远

我感觉您看起来有些扁平。因此我建议，还是侧面吧。

    跳蚤：好的，安东尼·范·雷文霍克和罗伯特·胡克已经对我做过描述了，我的侧面是最美的。噢，这里已经有人了!

让我来介绍一下······这位是跳蚤女士，这位是可爱的放射虫。

    放射虫：原来是一只跳蚤。我的美丽当然不容置疑。
    跳蚤：人们总是喜欢关注我。
    放射虫：人们确实喜欢看有怪物出没的电影。
    跳蚤：你才是怪物!

哦，我亲爱的女士! 我对您的能力非常感兴趣，跳蚤女士，请问您最擅长什么?

    跳蚤：跳高和跳远。在这方面，我可是世界级水平。我最远能跳60厘米。

好厉害的腿，不是吗? !

跳蚤是以其他生物的血液为食的寄生虫。伴随着每一次大的跳跃，它可以迅速从一个地方，转移到另一个地方。

好吧，不过有些动物跳得更远······

    跳蚤：但是请考虑我的身高，我能跳的距离可相当于我身长的200倍，何况我跳得还非常高!

您腿部的弹跳力非常出色。

跳蚤：是的，而且我的腿还很美。这让我成为别人争相模仿的明星。
嘿，你，小家伙，你甚至连腿都没有。

放射虫：我才不在乎什么跳跃。你最好说一下，你平时都吃什么，你
这个吸血鬼！

什么，这是真的吗？您真的喝血？！

跳蚤：那实在是太美味了。如果有人经过，空气中就会充满诱人的味道，
引诱我去吸食。

放射虫：但你这样做会传播瘟疫和其他疾病。我说的是黑死病之类的。

跳蚤：等等！这与我无关。你说的那些是鼠蚤！它们会传播鼠疫杆菌。我
是致痒蚤，一种人蚤！

您更喜欢吸食人类的血液吗？

跳蚤：嗯，人类的更干净一些。有时，我也会吸狐狸或羊身上的血。
猪血的味道也不错。

请问放射虫：您有哪些强项？

放射虫：我喜欢一切美好的事物。我自己本身就很漂亮，
你看，我的身材是不是很出色？

自然界的艺术品

放射虫是内部长有骨骼的单细胞生物。1862年，
研究人员恩斯特·海克尔出版了关于它们的书籍，
于是放射虫才为世人所知。

啊，好精致的内部骨骼！这真是太神奇了。

放射虫：天生如此。我这个球形的身体和这些射线，
都是天生的。我喜欢这些射线。

这些射线有什么用呢？

放射虫：它们可以夹紧我果冻一样的身体。

跳蚤：如果我没弄错的话，果冻就是一堆胶状物。
你就是一摊软泥，就是这样！

哎，拜托你们别吵了！

放射虫：马戏团的老女人！跳梁小丑！

跳蚤：你你你，你这摊恶心的烂泥！

非常感谢两位这次深刻的对话。

姓　名：放射虫
特　长：极具天赋的建筑师
爱　好：一切与美有关的事物

名词解释

扫描电子显微镜下显示：玫瑰花的花瓣上布满了微小的突起结构。

反射光显微镜：用于观察实心和不透明物体的光学显微镜，通过上方安装的灯进行照明。

分辨率：物镜的性能指标，指镜头再现物体结构细节的能力。

双目显微镜：带两个目镜的显微镜，可以用双眼同时观察。

永久装片：使用防腐剂可长期保存的玻片标本，可以长期反复使用。

盖玻片：通常是方形的薄玻璃板，用于覆盖载玻片上的样本。

透射光显微镜：一种光学显微镜，使用时光线会从下方穿透薄的透明样本。

电子显微镜：使用电子束代替光的显微镜，可达到非常高的放大倍数。

坐标台：用于精确移动载物台上载玻片的装置。

透　镜：透过透镜的光线被反射和折射，所以你能够看到通过放大镜或显微镜被放大的物体图像。

微　米：长度单位。一微米等于百万分之一米和千分之一毫米。

切片机：制作用于透射光显微镜薄切片的装置。

纳　米：微小的长度单位。一纳米是百万分之一毫米。

待观测物体：通过显微镜被观察的物体。

物　镜：显微镜上靠近待观测物体的镜头或镜头组。

载物台：显微镜上放置载玻片的支撑平面。

载玻片：矩形玻璃板，用来放置待观测物体。

目　镜：显微镜上靠近观察者眼睛的镜头或镜头组。

培养皿：带盖的透明平底容器，用来放置收集的样本，以便通过放大镜或反射光显微镜观察。

滴　管：玻璃或塑料管，用于吸取液体。

玻片标本：用不同方法制备的、通过显微镜被观察的物体标本。

解剖针：带有手柄的针，用来移动或调整物体位置。

扫描电子显微镜：采用聚焦的电子束逐行扫描物体的电子显微镜，检测反射回来的电子并生成图像。它可以形成具有三维立体效果的图像。

原子力显微镜：一种特殊显微镜，利用精细的针尖在样本上逐行扫描。通过测量样本表面原子与针尖之间的排斥力，生成样本表面的三维图像。

扫描隧道显微镜：一种特殊显微镜，利用精细的、理想状态下只由一个原子组成的针尖逐行扫描样本。针尖到样本表面的距离始终保持不变，这样可以实现超过一亿倍的放大倍数。

立体显微镜：一种光学显微镜，通常配有两个物镜和两个目镜，可生成三维立体图像。

透射电子显微镜：指电子束可以透过非常薄的物体的电子显微镜。它以电磁透镜代替玻璃透镜。

镜　筒：显微镜上的支撑管，用于安装物镜和目镜。

图片来源说明 /images sources :

Archiv Tessloff: 2 下左, 3 中右, 12 上, 12 下, 13 上右, 13 下右, 16-17 下, 19 右, 25 下右, 26 下左, 27 下, 29 上右, 33 下右, 34 下左, 35 下右, 37 上, 46 上右, 47 下左; Bresser GmbH: 14 下左, 14 下右, 37 左; Bundeskriminalamt: 45 中; Carl Zeiss Microscopy GmbH: 13 上 中; Cellscope: 5 下 右 (Dr. Anuschka Faucci); CERN: 21 下; Christine L. Case: 9 上 左; Corbis: 2 中 左 (Dennis Kunkel Microscopy, Inc./ Visuals Unlimited), 2 上 右 (Bettmann), 6 上 左 (Bettmann), 6 中 (Bettmann), 7 上 (Bettmann), 11 上 右 (Dennis Kunkel Microscopy, Inc./ Visuals Unlimited), 17 中 (Micro Discovery), 18 上左 (Dennis Kunkel Microscopy, Inc./Visuals Unlimited), 28 背景图 (Micro Discovery), 34 上 右 (Dr. Richard Kessel & Dr. Gene Shih/Visuals Unlimited), 34 下 右 (Visuals Unlimited), 35 上 (Visuals Unlimited), 35 下左 (Charles Krebs), 36 下左 (Visuals Unlimited), 37 下 中 (Micro Discovery), 37 下 右 (Kage- Mikrofotografie/Doc-Stock), 38 上 左 (Scientifica/Visuals Unlimited), 39 中 (Scientifica/RMF/Visuals Unlimited), 39 下左 (Dennis Kunkel Microscopy, Inc./Visuals Unlimited), 39 下 右 (Kenneth Bart/Visuals Unlimited) 43 下 右 (David Scharf), 44 下 左 (Dennis Kunkel Microscopy, Inc./Visuals Unlimited), 44 中 (Dr. David Phillips/ Visuals Unlimited), 44 下 右 (Dennis Kunkel Microscopy, Inc./Visuals Unlimited), 45 下 中 (Clouds Hill Imaging Ltd), 45 下 右 (Clouds Hill Imaging Ltd.), 46 下 右 (Kage-Mikrofotografie/Doc-Stock); Dino-Lite Europe: 14 中, 14 中 右 ; Dreamstime LLC: 40 下 左 (Buccaneer); Flickr: 26 下 左 (Claire Smith/ Rochester Institute of Technology NY USA), 43 中左 (Wessex Archaeology); FOCUS Photo- und Presseagentur: 3 上左 (eye of science), 10 下左 (Meckes/Ottawa/Eye of Science), 11 下 右 (Power and Syred/ SPL), 16 上左 (AMI IMAGES/SCIENCE PHOTO LIBRARY), 19 上中 (DR GOPAL MURTI/ SCIENCE PHOTO LIBRARY), 32 背景图 (eye of science), 45 上 右 (PHILIPPE PSAILA/ SCIENCE PHOTO LIBRARY), 48 (eye of science); Foldscope © 2014 Cybulski et al.: 4 中右; Getty: 2 中左 (Dr. Stanley Flegler/Visuals Unlimited), 10 下 右 (Ted Kinsman),

17 中 (BIOPHOTO ASSOCIATES), 18 下左 (Dorling Kindersley), 19 下左 (Dr. Stanley Flegler/Visuals Unlimited), 33中左 (Visuals Unlimited, Inc./ Daniel Stoupin), 37 中左 (E R DEGGINGER/Science Source), 40 中 (Nancy Nehring); IBM Research - Zurich: 20 中左, 20 下右, 21 上 ; mauritius images: 20 下左 (United Archives); OKAPIA KG: 3 中左 (Kage Mikrofotografie/OKAPIA), 33 下 左 (K. Taylor/ Coleman, Inc./SAVE), 43 上 右 (Kage Mikrofotografie/OKAPIA); Oliver Kim: 23 上右 , 35 中右 ; picture alliance: 5 上 左 (Gladden W. Willis/OKAPIA), 5 上左 (Philipp Ziser), 6 下 左 (akg-images), 6 下中 (Dr.Gary Gaugler/OKAPIA), 7 上右 (united archives), 9 上 右 (United Archives/ TopFoto), 9 中左 (dpa), 9 中 右 (BSIP/VEM), 9 下 右 (A.u.H.-F.Michler/OKAPIA), 10 上 右 (Arco Images/F. Schneider), 11 上 中 (Mary Evans Picture Library/Last Refuge/ ardea. com), 11 中 (Mary Evans Picture Library/Last Refuge/ardea.com), 13 上 左 (blickwinkel/M. Lenke), 16 中 (dpa7Max-Plank-Institut Bremen), 18 上左 (Zentralbild/ Waltraud Grubitzsch), 20 上 (Zentralbild/ Hubert Link), 22 上 (blickwinkel/ F. Hecker), 25 中 (Roland Birke/ OKAPIA), 26 上左 (Klett/Aribert Jung), 28 中 (EGR/Science Photo Library), 29中左 (Klett/Aribert Jung), 30 下左 (Roland Birke/OKAPIA), 30 上右 (Laguna Design/OKAPIA), 30 中 (Norbert Lange/OKAPIA), 31 下 左 (Roland Birke/OKAPIA), 31 上右 (Roland Birke/OKAPIA), 31 中左 (blickwinkel/NaturimBild/A. Wellmann), 31 中右 (blickwinkel/ Hecker/Sauer), 31 下中 (blickwinkel/Hecker/Sauer), 32 下 左 (blickwinkel/ F. Fox), 33 上左 (Roland Birke/OKAPIA), 38 中左 (blickwinkel/fotototo), 39 上 右 (Mary Evans Picture Library/Last Refuge/ardea.com), 42 下 中 (Mary Evans Picture Library/ Last Refuge/ ardea.com), 42 上左 (Dr.Gary Gaugler/OKAPIA), 42 下 左 (blickwinkel/ Hecker/Sauer); Public Domain: 41 上右 ; Shotshop GmbH: 17 上左 (anaken2012); Shutterstock: 1 (Nikola Rahme), 2左 (Volodymyr Krasyuk), 3 上左 (dcb), 3 下左 (Andrey Burmakin), 7 下右 (Sergejus Byckovskis), 10 下左 (Siwanat Yanchayasiri), 11 上左 (Papa Bravo), 11 上右 (Papagei/Volodymyr Krasyuk), 11 左 (Nneirda), 11 中右 (FloridaStock), 12 中右 (Pavel L Photo and Video), 12 下左 (Christian Musat), 13 中 (Barbol), 14 上右

(jaboo2foto), 15 (OlegDoroshin), 17 上中 (D. Kucharski K. Kucharska), 22 下左 (Africa Studio), 23 上左 (Olga Kovalenko), 23 中右 (Sergey Ryzhov), 23 中 (Africa Studio), 23 上中 (carroteater), 24-25 背景图 (Pan Xunbin), 24 左 (marco mayer), 27 上右 (Claudio Divizia), 29 下右 (D. Kucharski K. Kucharska), 31 中 (Lebendkulturen.de), 31 下右 (Lebendkulturen.de), 34-35 背景图 (Nataliya Hora), 34 中右 (D. Kucharski K. Kucharska), 36 下右 (Dancestrokes), 38 中 (dcb), 38 下中 (Jubal Harshaw), 40 上左 (Kichigin), 41 上左 (Kichigin), 41 中左 (Kichigin), 41 中右 (Yanping Wang), 42 中左 (science photo), 44 上右 (Andrey Burmakin), 44 中右 (nineyoii), 44 下中 (kuleczka), 44 中右 (Kagai19927); Stanford University: 4 上 (Stanford News Service), 4 中左 (Rod Searcey); Thinkstock: 13 中右 (LeafenLin), 35 中左 (Benjamin Haas); Wikipedia: 8 上 左 (PD), 9 下中 (Albert Edelfelt), 26 中右 , 38 上右 (J J Harrison), 47 上右

环衬: Shutterstock: 下右 (VikaSuh)

封面照片: 封 1 : Shutterstock (Lebendkulturen.de), 封 1 背景图 : Shutterstock (Pan Xunbin), 封 4 :Shutterstock (Lebendkulturen.de)

设计 : independent Medien-Design

内 容 提 要

你知道显微镜的发明过程吗？你了解显微镜的结构和分类吗？显微镜的成像原理又是什么？这本《显微镜探秘》将带领读者进入一个激动人心的光学世界，领略科技的神奇与美丽。《德国少年儿童百科知识全书·珍藏版》是一套引进自德国的知名少儿科普读物，内容丰富、门类齐全，内容涉及自然、地理、动物、植物、天文、地质、科技、人文等多个学科领域。本书运用丰富而精美的图片、生动的实例和青少年能够理解的语言来解释复杂的科学现象，非常适合 7 岁以上的孩子阅读。全套图书系统地、全方位地介绍了各个门类的知识，书中体现出德国人严谨的逻辑思维方式，相信对拓宽孩子的知识视野将起到积极作用。

图书在版编目（CIP）数据

显微镜探秘 ／（德）曼弗雷德·鲍尔著 ； 张依妮译
. -- 北京 ： 航空工业出版社，2022.3（2024.1重印）
（德国少年儿童百科知识全书 ： 珍藏版）
ISBN 978-7-5165-2900-3

Ⅰ．①显… Ⅱ．①曼… ②张… Ⅲ．①显微镜—少儿
读物 Ⅳ．① TH742-49

中国版本图书馆 CIP 数据核字（2022）第 025113 号

著作权合同登记号
图字 01-2021-6325

MIKROSKOP Was dem Auge verborgen bleibt
By Dr. Manfred Baur
© 2015 TESSLOFF VERLAG, Nuremberg, Germany, www.tessloff.com
© 2022 Dolphin Media, Ltd., Wuhan, P.R. China
for this edition in the simplified Chinese language
本书中文简体字版权经德国 Tessloff 出版社授予海豚传媒股份有限
公司，由航空工业出版社独家出版发行。
版权所有，侵权必究。

显微镜探秘
Xianweijing Tanmi

航空工业出版社出版发行
（北京市朝阳区京顺路 5 号曙光大厦 C 座四层　100028）
发行部电话：010-85672663　010-85672683
鹤山雅图仕印刷有限公司印刷　　　　　全国各地新华书店经售
2022 年 3 月第 1 版　　　　　　　　　2024 年 1 月第 6 次印刷
开本：889×1194　1/16　　　　　　　字数：50 千字
印张：3.5　　　　　　　　　　　　　定价：35.00 元

船的故事
从独木舟到远洋帆船

飞机的秘密
人类飞行的梦想

火山探秘
来自地狱的火焰

七大奇迹
上古时期的宝藏

汽车世界
精彩的汽车发展史

鲨鱼家族
海洋里的硬汉杀手

百变天气
阳光、风和暴雨

穿越大自然
探究与保护

鲸和海豚
海洋里的哺乳动物

恐龙王国
多姿神奇的地球霸主

矿物与岩石
闪闪发亮的宝藏

爬行与两栖动物
壁虎、林蛙和巨蟒

大自然的力量
难以估量的威力

改变世界的电
高电压与超导体

各种各样的鱼
水下的奇妙世界

猫的家族
拥有敏锐利爪的敏捷猎手

奇境森林
动物和植物的天堂

忠诚的狗
四只爪子的宝贝

浩瀚宇宙
宇宙的秘密

狼的故事
走进荒野�者的领地

蚂蚁和白蚁
了不起的建筑师

美丽的蝴蝶
色彩斑斓的自然精灵

蜜蜂和胡蜂
美味的蜂蜜与可怕的蜇针

潜水的魅力
潜入水下的迷人世界

古老的希腊文明
诸神、英雄和诗人

古罗马生活
古罗马城的社会百态

欧洲风情
人口、国家和文化

骑士时代
城堡、比武大会和贵族女性

舞动的音符
走进音乐的奇妙世界

古老的城堡
中世纪的见证

熊的秘密生活
棕熊、大熊猫、北极熊

化石档案
生命的痕迹

奇妙的昆虫
六条腿的生存艺术家

极地世界
生活在冰雪王国

神秘的蜘蛛
丝线上的猎手

大象王国
温柔的"巨人"

海底宝藏
沉没的宝藏

海洋之谜
海洋研究与保护

火星登陆
红色星球定居计划

忙碌的农场
幼畜、植物和农业机械

时尚魅影
时尚的古与今

全球气候
冰期和气候变化